Réussir au COLLÈGE

Spécial entraînement

6e

Maths

Michèle BLANC
Professeur en collège

hachette
ÉDUCATION

Sommaire

I.S.B.N. 978-2-01-708114-2

58, rue Jean Bleuzen, 92170 Vanves.

www.hachette-education.com

Conception graphique
Couverture : Stéphanie Benoit
Intérieur : Mélissa Chalot
Mise en page : Grafatom
Illustrations
Intérieur : Dominique Fages

Partie 3 – Géométrie

Partie 4 – Grandeurs et mesures

Mode d'emploi

Cet ouvrage a été conçu pour t'accompagner tout au long de l'année et t'aider à maîtriser tous les points du programme.

Les tests de connaissances

Au début de chaque partie, des tests préliminaires te permettent de savoir où tu en es de tes connaissances.

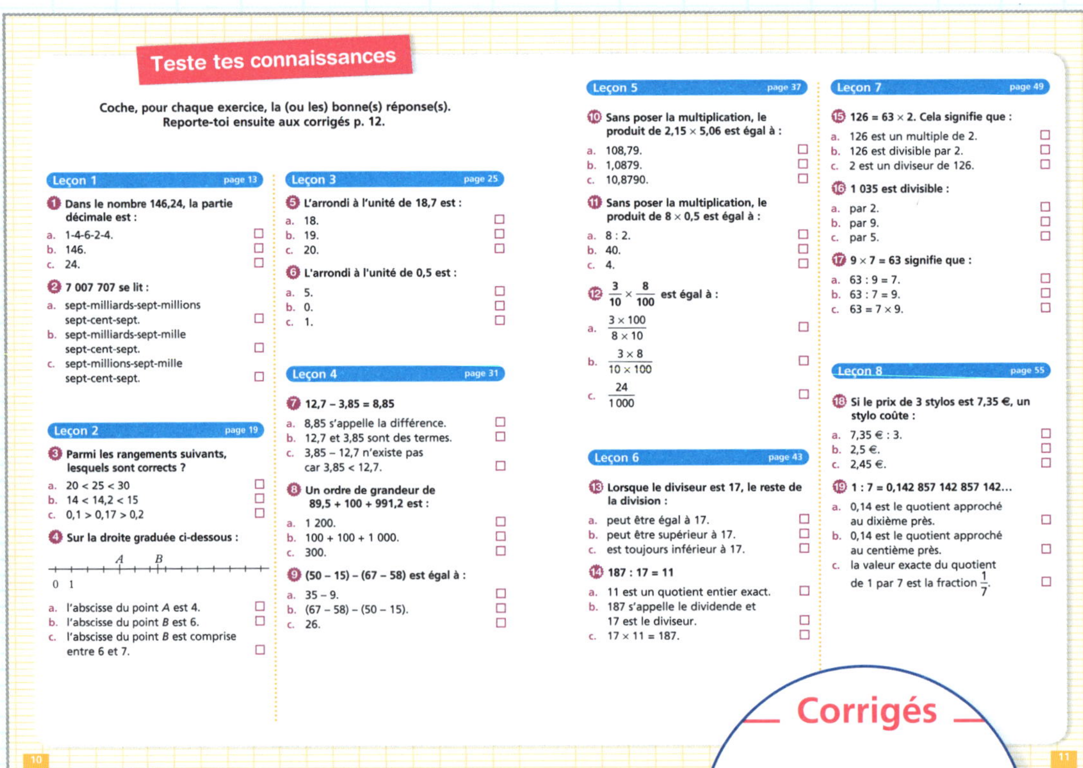

Teste tes connaissances

Coche, pour chaque exercice, la (ou les) bonne(s) réponse(s).
Reporte-toi ensuite aux corrigés p. 12.

Leçon 1 page 13

1 Dans le nombre 146,24, la partie décimale est :
a. 1-4-6-2-4. ☐
b. 146. ☐
c. 24. ☐

2 7 007 707 se lit :
a. sept-milliards-sept-millions sept-cent-sept. ☐
b. sept-milliards-sept-mille sept-cent-sept. ☐
c. sept-millions-sept-mille sept-cent-sept. ☐

Leçon 2 page 19

3 Parmi les rangements suivants, lesquels sont corrects ?
a. 20 < 25 < 30 ☐
b. 14 < 14,2 < 15 ☐
c. 0,1 > 0,17 > 0,2 ☐

4 Sur la droite graduée ci-dessous :

A B
0 1

a. l'abscisse du point *A* est 4. ☐
b. l'abscisse du point *B* est 6. ☐
c. l'abscisse du point *B* est comprise entre 6 et 7. ☐

Leçon 3 page 25

5 L'arrondi à l'unité de 18,7 est :
a. 18. ☐
b. 19. ☐
c. 20. ☐

6 L'arrondi à l'unité de 0,5 est :
a. 5. ☐
b. 0. ☐
c. 1. ☐

Leçon 4 page 31

7 12,7 – 3,85 = 8,85
a. 8,85 s'appelle la différence. ☐
b. 12,7 et 3,85 sont des termes. ☐
c. 3,85 – 12,7 n'existe pas car 3,85 < 12,7. ☐

8 Un ordre de grandeur de 89,5 + 100 + 991,2 est :
a. 1 200. ☐
b. 100 + 100 + 1 000. ☐
c. 300. ☐

9 (50 – 15) – (67 – 58) est égal à :
a. 35 – 9. ☐
b. (67 – 58) – (50 – 15). ☐
c. 26. ☐

Leçon 5 page 37

10 Sans poser la multiplication, le produit de 2,15 × 5,06 est égal à :
a. 108,79. ☐
b. 1,0879. ☐
c. 10,8790. ☐

11 Sans poser la multiplication, le produit de 8 × 0,5 est égal à :
a. 8 : 2. ☐
b. 40. ☐
c. 4. ☐

12 $\frac{3}{10} \times \frac{8}{100}$ est égal à :
a. $\frac{3 \times 100}{8 \times 10}$ ☐
b. $\frac{3 \times 8}{10 \times 100}$ ☐
c. $\frac{24}{1\,000}$ ☐

Leçon 6 page 43

13 Lorsque le diviseur est 17, le reste de la division :
a. peut être égal à 17. ☐
b. peut être supérieur à 17. ☐
c. est toujours inférieur à 17. ☐

14 187 : 17 = 11
a. 11 est un quotient entier exact. ☐
b. 187 s'appelle le dividende et 17 est le diviseur. ☐
c. 17 × 11 = 187. ☐

Leçon 7 page 49

15 126 = 63 × 2. Cela signifie que :
a. 126 est un multiple de 2. ☐
b. 126 est divisible par 2. ☐
c. 2 est un diviseur de 126. ☐

16 1 035 est divisible :
a. par 2. ☐
b. par 9. ☐
c. par 5. ☐

17 9 × 7 = 63 signifie que :
a. 63 : 9 = 7. ☐
b. 63 : 7 = 9. ☐
c. 63 = 7 × 9. ☐

Leçon 8 page 55

18 Si le prix de 3 stylos est 7,35 €, un stylo coûte :
a. 7,35 € : 3. ☐
b. 2,5 €. ☐
c. 2,45 €. ☐

19 1 : 7 = 0,142 857 142 857 142...
a. 0,14 est le quotient approché au dixième près. ☐
b. 0,14 est le quotient approché au centième près. ☐
c. la valeur exacte du quotient de 1 par 7 est la fraction $\frac{1}{7}$. ☐

10 11

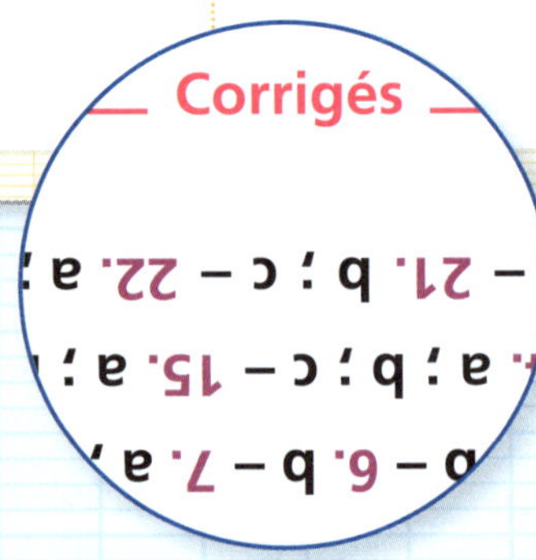

Tu vérifies tes réponses dans les corrigés. Tu peux ainsi travailler en priorité les leçons où tu as fait le plus d'erreurs.

Les leçons

Lis attentivement le cours et retiens particulièrement les phrases surlignées en jaune.

Les mots suivis d'un * sont expliqués dans le lexique en fin d'ouvrage.

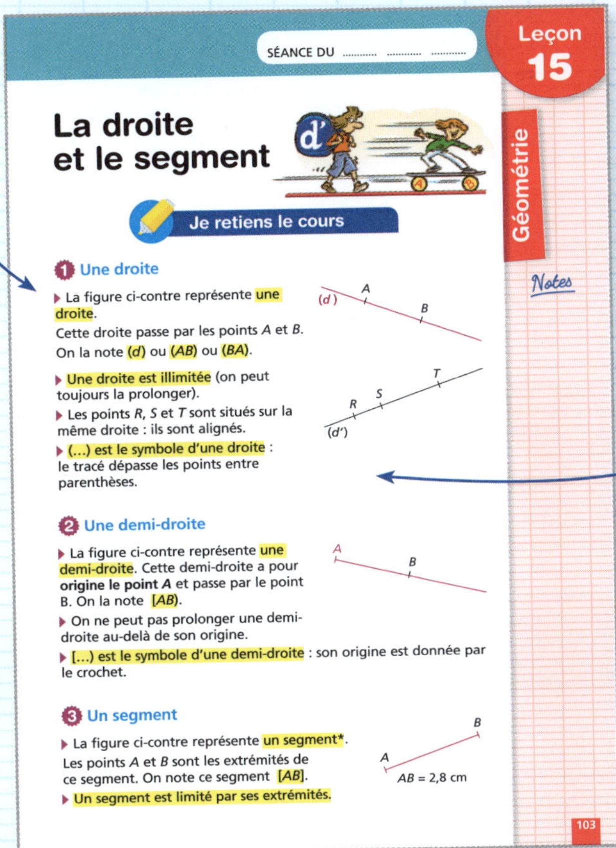

SÉANCE DU ....

Leçon 15

Géométrie

La droite et le segment

Je retiens le cours

1 Une droite

- La figure ci-contre représente une droite.
Cette droite passe par les points A et B.
On la note (d) ou (AB) ou (BA).
- Une droite est illimitée (on peut toujours la prolonger).
- Les points R, S et T sont situés sur la même droite : ils sont alignés.
- (...) est le symbole d'une droite : le tracé dépasse les points entre parenthèses.

2 Une demi-droite

- La figure ci-contre représente une demi-droite. Cette demi-droite a pour **origine le point A** et passe par le point B. On la note $[AB)$.
- On ne peut pas prolonger une demi-droite au-delà de son origine.
- [...) est le symbole d'une demi-droite : son origine est donnée par le crochet.

3 Un segment

- La figure ci-contre représente un segment*.
Les points A et B sont les extrémités de ce segment. On note ce segment $[AB]$.
- Un segment est limité par ses extrémités.

$AB = 2,8$ cm

Notes

103

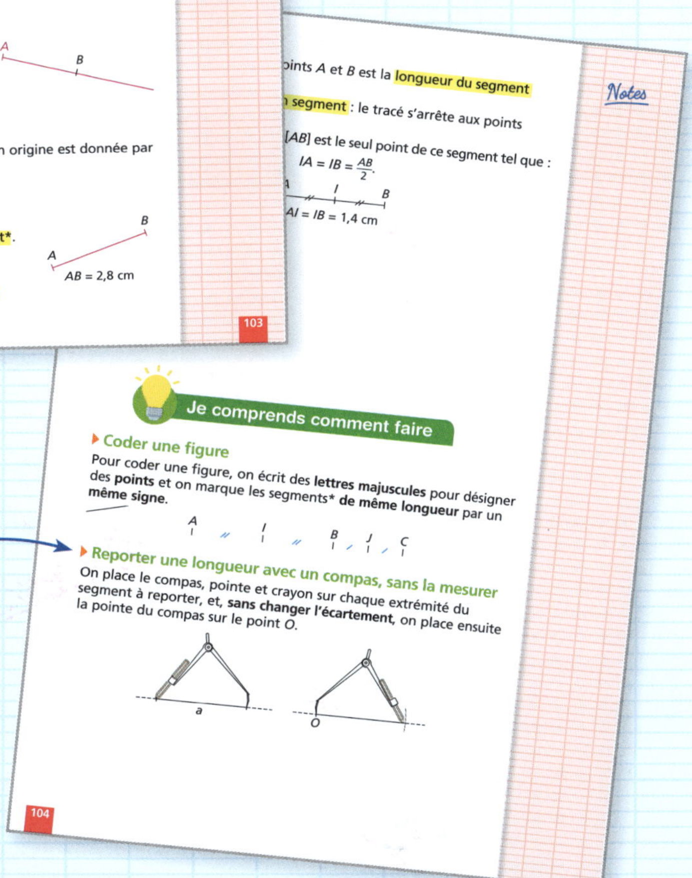

...oints A et B est la longueur du segment

...segment : le tracé s'arrête aux points

...$[AB]$ est le seul point de ce segment tel que :
$IA = IB = \frac{AB}{2}$.

$AI = IB = 1,4$ cm

Notes

Je comprends comment faire

Coder une figure

Pour coder une figure, on écrit des **lettres majuscules** pour désigner **des points** et on marque les segments* **de même longueur** par un **même signe.**

Reporter une longueur avec un compas, sans la mesurer

On place le compas, pointe et crayon sur chaque extrémité du segment à reporter, et, **sans changer l'écartement**, on place ensuite la pointe du compas sur le point O.

104

Étudie les méthodes expliquées dans la rubrique « Je comprends comment faire ». Elles te seront utiles pour réussir tes exercices.

Les exercices et les corrigés

Entraîne-toi en faisant les 8 à 10 exercices de la leçon. Pratique : tu as toute la place nécessaire pour écrire directement sur le livre !

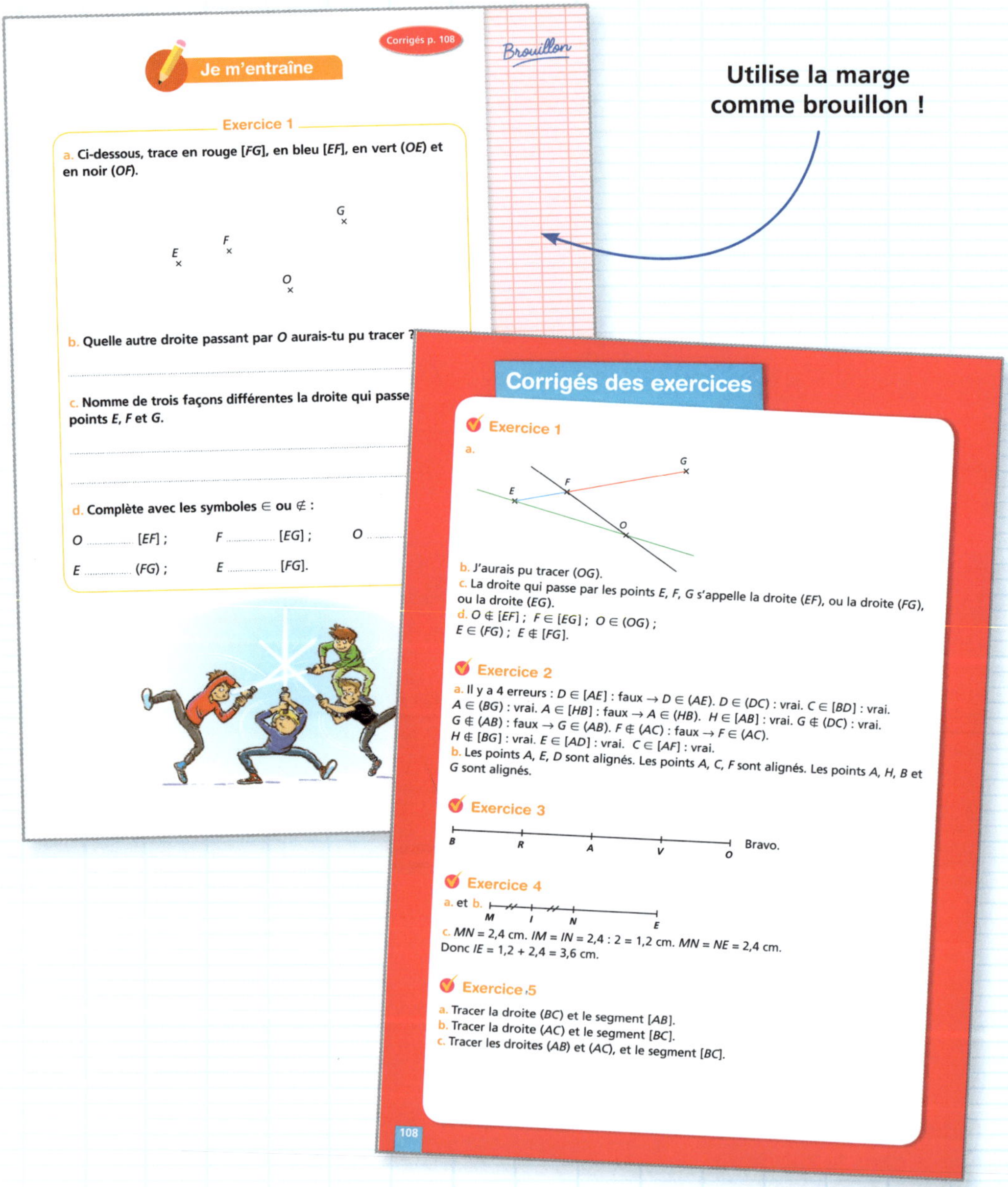
Corrigés p. 108

Brouillon

Je m'entraîne

Exercice 1

a. Ci-dessous, trace en rouge [FG], en bleu [EF], en vert (OE) et en noir (OF).

b. Quelle autre droite passant par O aurais-tu pu tracer ?

c. Nomme de trois façons différentes la droite qui passe points E, F et G.

d. Complète avec les symboles ∈ ou ∉ :

O .... [EF] ; F .... [EG] ; O ....

E .... (FG) ; E .... [FG].

Corrigés des exercices

Exercice 1

a.

b. J'aurais pu tracer (OG).

c. La droite qui passe par les points E, F, G s'appelle la droite (EF), ou la droite (FG), ou la droite (EG).

d. O ∉ [EF] ; F ∈ [EG] ; O ∈ (OG) ;
E ∈ (FG) ; E ∉ [FG].

Exercice 2

a. Il y a 4 erreurs : D ∈ [AE] : faux → D ∈ (AE). D ∈ (DC) : vrai. C ∈ [BD] : vrai. A ∈ (BG) : vrai. A ∈ [HB] : faux → A ∈ (HB). H ∈ [AB] : vrai. G ∉ (DC) : vrai. G ∉ (AB) : faux → G ∈ (AB). F ∉ (AC) : faux → F ∈ (AC). H ∉ [BG] : vrai. E ∈ [AD] : vrai. C ∈ [AF] : vrai.

b. Les points A, E, D sont alignés. Les points A, C, F sont alignés. Les points A, H, B et G sont alignés.

Exercice 3

Bravo.

Exercice 4

a. et b.

c. MN = 2,4 cm. IM = IN = 2,4 : 2 = 1,2 cm. MN = NE = 2,4 cm.
Donc IE = 1,2 + 2,4 = 3,6 cm.

Exercice 5

a. Tracer la droite (BC) et le segment [AB].

b. Tracer la droite (AC) et le segment [BC].

c. Tracer les droites (AB) et (AC), et le segment [BC].

108

Utilise la marge comme brouillon !

Vérifie tes réponses en consultant les corrigés qui se trouvent à la fin de chaque leçon.

Le lexique

Le lexique en fin d'ouvrage (pages 189 à 192) te permet de retrouver toutes les définitions des mots qui sont suivis d'un * dans les leçons.

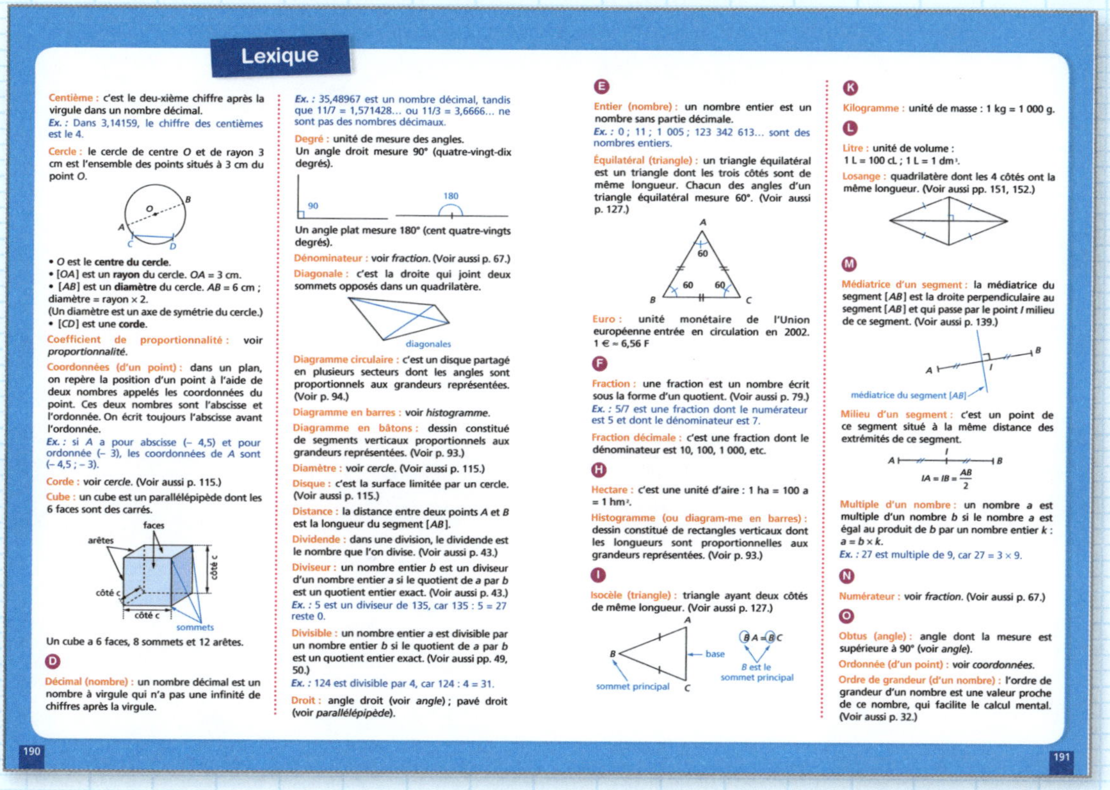

Lexique

Centième : c'est le deu-xième chiffre après la virgule dans un nombre décimal.
Ex. : Dans 3,14159, le chiffre des centièmes est le 4.

Cercle : le cercle de centre *O* et de rayon 3 cm est l'ensemble des points situés à 3 cm du point *O*.

- *O* est le **centre du cercle**.
- [*OA*] est un **rayon** du cercle. *OA* = 3 cm.
- [*AB*] est un **diamètre** du cercle. *AB* = 6 cm ; diamètre = rayon × 2.
(Un diamètre est un axe de symétrie du cercle.)
- [*CD*] est une **corde**.

Coefficient de proportionnalité : voir *proportionnalité*.

Coordonnées (d'un point) : dans un plan, on repère la position d'un point à l'aide de deux nombres appelés les coordonnées du point. Ces deux nombres sont l'abscisse et l'ordonnée. On écrit toujours l'abscisse avant l'ordonnée.
Ex. : si *A* a pour abscisse (– 4,5) et pour ordonnée (– 3), les coordonnées de *A* sont (– 4,5 ; – 3).

Corde : voir *cercle*. (Voir aussi p. 115.)

Cube : un cube est un parallélépipède dont les 6 faces sont des carrés.

Un cube a 6 faces, 8 sommets et 12 arêtes.

D

Décimal (nombre) : un nombre décimal est un nombre à virgule qui n'a pas une infinité de chiffres après la virgule.
Ex. : 35,48967 est un nombre décimal, tandis que 11/7 = 1,571428... ou 11/3 = 3,6666... ne sont pas des nombres décimaux.

Degré : unité de mesure des angles.
Un angle droit mesure 90° (quatre-vingt-dix degrés).

Un angle plat mesure 180° (cent quatre-vingts degrés).

Dénominateur : voir *fraction*. (Voir aussi p. 67.)

Diagonale : c'est la droite qui joint deux sommets opposés dans un quadrilatère.

Diagramme circulaire : c'est un disque partagé en plusieurs secteurs dont les angles sont proportionnels aux grandeurs représentées. (Voir p. 94.)

Diagramme en barres : voir *histogramme*.

Diagramme en bâtons : dessin constitué de segments verticaux proportionnels aux grandeurs représentées. (Voir p. 93.)

Diamètre : voir *cercle*. (Voir aussi p. 115.)

Disque : c'est la surface limitée par un cercle. (Voir aussi p. 115.)

Distance : la distance entre deux points *A* et *B* est la longueur du segment [*AB*].

Dividende : dans une division, le dividende est le nombre que l'on divise. (Voir aussi p. 43.)

Diviseur : un nombre entier *b* est un diviseur d'un nombre entier *a* si le quotient de *a* par *b* est un quotient entier exact. (Voir aussi p. 43.)
Ex. : 5 est un diviseur de 135, car 135 : 5 = 27 reste 0.

Divisible : un nombre entier *a* est divisible par un nombre entier *b* si le quotient de *a* par *b* est un quotient entier exact. (Voir aussi pp. 49, 50.)
Ex. : 124 est divisible par 4, car 124 : 4 = 31.

Droit : angle droit (voir *angle*) ; pavé droit (voir *parallélépipède*).

E

Entier (nombre) : un nombre entier est un nombre sans partie décimale.
Ex. : 0 ; 11 ; 1 005 ; 123 342 613... sont des nombres entiers.

Équilatéral (triangle) : un triangle équilatéral est un triangle dont les trois côtés sont de même longueur. Chacun des angles d'un triangle équilatéral mesure 60°. (Voir aussi p. 127.)

Euro : unité monétaire de l'Union européenne entrée en circulation en 2002. 1 € ≈ 6,56 F

F

Fraction : une fraction est un nombre écrit sous la forme d'un quotient. (Voir aussi p. 79.)
Ex. : 5/7 est une fraction dont le numérateur est 5 et dont le dénominateur est 7.

Fraction décimale : c'est une fraction dont le dénominateur est 10, 100, 1 000, etc.

H

Hectare : c'est une unité d'aire : 1 ha = 100 a = 1 hm².

Histogramme (ou diagram-me en barres) : dessin constitué de rectangles verticaux dont les longueurs sont proportionnelles aux grandeurs représentées. (Voir p. 93.)

I

Isocèle (triangle) : triangle ayant deux côtés de même longueur. (Voir aussi p. 127.)

K

Kilogramme : unité de masse : 1 kg = 1 000 g.

L

Litre : unité de volume :
1 L = 100 cL ; 1 L = 1 dm³.

Losange : quadrilatère dont les 4 côtés ont la même longueur. (Voir aussi pp. 151, 152.)

M

Médiatrice d'un segment : la médiatrice du segment [*AB*] est la droite perpendiculaire au segment [*AB*] et qui passe par le point *I* milieu de ce segment. (Voir aussi p. 139.)

Milieu d'un segment : c'est un point de ce segment situé à la même distance des extrémités de ce segment.

$IA = IB = \frac{AB}{2}$

Multiple d'un nombre : un nombre *a* est multiple d'un nombre *b* si le nombre *a* est égal au produit de *b* par un nombre entier *k* : $a = b \times k$.
Ex. : 27 est multiple de 9, car 27 = 3 × 9.

N

Numérateur : voir *fraction*. (Voir aussi p. 67.)

O

Obtus (angle) : angle dont la mesure est supérieure à 90° (voir *angle*).

Ordonnée (d'un point) : voir *coordonnées*.

Ordre de grandeur (d'un nombre) : l'ordre de grandeur d'un nombre est une valeur proche de ce nombre, qui facilite le calcul mental. (Voir aussi p. 32.)

190 191

Partie 1

Nombres et calculs

Teste tes connaissances

Coche, pour chaque exercice, la (ou les) bonne(s) réponse(s).
Reporte-toi ensuite aux corrigés p. 12.

Leçon 1 page 13

1 Dans le nombre 146,24, la partie décimale est :

a. 1-4-6-2-4. ☐
b. 146. ☐
c. 24. ☒

2 7 007 707 se lit :

a. sept-milliards-sept-millions sept-cent-sept. ☐
b. sept-milliards-sept-mille sept-cent-sept. ☐
c. sept-millions-sept-mille sept-cent-sept. ☒

Leçon 2 page 19

3 Parmi les rangements suivants, lesquels sont corrects ?

a. 20 < 25 < 30 ☒
b. 14 < 14,2 < 15 ☒
c. 0,1 > 0,17 > 0,2 ☐

4 Sur la droite graduée ci-dessous :

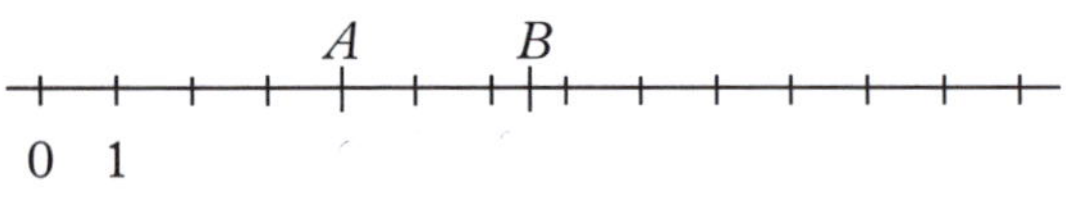

a. l'abscisse du point *A* est 4. ☒
b. l'abscisse du point *B* est 6. ☐
c. l'abscisse du point *B* est comprise entre 6 et 7. ☒

Leçon 3 page 25

5 L'arrondi à l'unité de 18,7 est :

a. 18. ☐
b. 19. ☒
c. 20. ☐

6 L'arrondi à l'unité de 0,5 est :

a. 5. ☐
b. 0. ☐
c. 1. ☒

Leçon 4 page 31

7 12,7 – 3,85 = 8,85

a. 8,85 s'appelle la différence. ☒
b. 12,7 et 3,85 sont des termes. ☒
c. 3,85 – 12,7 n'existe pas car 3,85 < 12,7. ☐

8 Un ordre de grandeur de 89,5 + 100 + 991,2 est :

a. 1 200. ☒
b. 100 + 100 + 1 000. ☒
c. 300. ☐

9 (50 – 15) – (67 – 58) est égal à :

a. 35 – 9. ☒
b. (67 – 58) – (50 – 15). ☐
c. 26. ☒

Leçon 5 page 37

10 Sans poser la multiplication, le produit de 2,15 × 5,06 est égal à :

a. 108,79. ☐
b. 1,0879. ☐
c. 10,8790. ☒

11 Sans poser la multiplication, le produit de 8 × 0,5 est égal à :

a. 8 : 2. ☐
b. 40. ☐
c. 4. ☒

12 $\frac{3}{10} \times \frac{8}{100}$ **est égal à :**

a. $\frac{3 \times 100}{8 \times 10}$ ☐
b. $\frac{3 \times 8}{10 \times 100}$ ☒
c. $\frac{24}{1\,000}$ ☒

Leçon 6 page 43

13 Lorsque le diviseur est 17, le reste de la division :

a. peut être égal à 17. ☐
b. peut être supérieur à 17. ☐
c. est toujours inférieur à 17. ☒

14 187 : 17 = 11

a. 11 est un quotient entier exact. ☒
b. 187 s'appelle le dividende et 17 est le diviseur. ☒
c. 17 × 11 = 187. ☒

Leçon 7 page 49

15 126 = 63 × 2. Cela signifie que :

a. 126 est un multiple de 2. ☒
b. 126 est divisible par 2. ☒
c. 2 est un diviseur de 126. ☒

16 1 035 est divisible :

a. par 2. ☐
b. par 9. ☒
c. par 5. ☒

17 9 × 7 = 63 signifie que :

a. 63 : 9 = 7. ☒
b. 63 : 7 = 9. ☒
c. 63 = 7 × 9. ☒

Leçon 8 page 55

18 Si le prix de 3 stylos est 7,35 €, un stylo coûte :

a. 7,35 € : 3. ☒
b. 2,5 €. ☐
c. 2,45 €. ☒

19 1 : 7 = 0,142 857 142 857 142…

a. 0,14 est le quotient approché au dixième près. ☐
b. 0,14 est le quotient approché au centième près. ☒
c. la valeur exacte du quotient de 1 par 7 est la fraction $\frac{1}{7}$. ☒

Leçon 9 page 61

20 735 : 10 est égal à :

a. 73,5. ☒
b. 7 350. ☐
c. 735 × 0,1. ☒

21 735 × 10 est égal à :

a. 73,5. ☐
b. 7 350. ☒
c. 735 : 0,1. ☒

Leçon 10 page 67

22 $\frac{10}{3}$ est une fraction :

a. dont le numérateur est 10. ☒
b. dont le numérateur est 3. ☐
c. dont le dénominateur est 3. ☒

23 6 × $\frac{2}{3}$ est égal à :

a. (6 × 2) : 3. ☒
b. (6 : 3) × 2. ☒
c. 4. ☒

Leçon 11 page 73

24 109 + 9 =

a. (109 + 10) + 1. ☐
b. (109 + 10) – 1. ☒
c. 118. ☒

25 12 × 25 =

a. (12 × 100) : 4. ☒
b. 1 200 : 4. ☒
c. 300. ☒

Corrigés

1. c – 2. c – 3. a ; b – 4. a ; c – 5. b – 6. c – 7. a ; b ; c – 8. a ; b – 9. a ; c – 10. c – 11. a ; c – 12. b ; c – 13. c – 14. a ; b ; c – 15. a ; b ; c – 16. b ; c – 17. a ; b ; c – 18. a ; c – 19. b ; c – 20. a ; c – 21. b ; c – 22. a ; c – 23. a ; b ; c – 24. b ; c – 25. a ; b ; c

Nombres entiers ou décimaux

Je retiens le cours

1 Les nombres entiers ou décimaux

▸ **Un nombre décimal*** comprend deux parties : la partie entière et la partie décimale.

Ex. : **Dans le nombre 12,49, la partie entière est 12 et la partie décimale est 49.**

▸ **Un nombre entier*** s'écrit sans partie décimale.

Notes

2 Écriture des nombres

Avec les dix chiffres 0-1-2-3-4-5-6-7-8 et 9, on peut écrire tous les nombres entiers et décimaux.

Ex. : **3 275 est un nombre entier écrit avec les chiffres 3-2-7-5 ;**
12,49 est un nombre décimal écrit avec les chiffres 1-2-4-9.

3 La valeur d'un chiffre

Selon la position qu'il occupe dans un nombre, un chiffre indique combien il y a de centaines de milliards, ou de dizaines de milliards, ou de dixièmes, ou de centièmes*… dans ce nombre.

Ex. :

partie entière												,	partie décimale			
milliards			millions			mille			unités simples			,	dixièmes	centièmes	millièmes	dix-millièmes
c	d	u	c	d	u	c	d	u	c	d	u					
					3	0	8	0	0	3	0	,	1	2	3	4

c = centaine ; d = dizaine ; u = unités.

Le nombre ci-dessus se lit :
– 3 millions 80 mille 30 unités, 1 dixième et 2 centièmes,
– ou 3 millions 80 mille 30 virgule 12,
– ou 3 millions 80 mille 30 unités 12 centièmes.

Notes

Je comprends comment faire

Écrire les nombres entiers ou décimaux

→ Tous les nombres entiers* peuvent s'écrire sous la forme d'un nombre décimal* mais en général on utilise l'écriture la plus courte : 45.

***Ex. :* 45 = 45,0 = 45,00 = 45,000 = …**

→ Un nombre décimal admet plusieurs écritures décimales mais en général on utilise l'écriture la plus courte.

***Ex. :* 68,3 = 68,30 = 68,300 = 68,300 0 = …**

Passer de l'écriture décimale d'un nombre à son écriture fractionnaire

Pour passer de l'écriture décimale d'un nombre à son écriture fractionnaire, il faut repérer le rang du dernier chiffre de la partie décimale :

Ex. : $17{,}3 = \frac{173}{10}$ (dixième) ; $8{,}26 = \frac{826}{100}$ (centième*) ; $0{,}547 = \frac{547}{1\,000}$ (millième)

17,3 est l'écriture décimale de dix-sept unités et trois dixièmes.

$\frac{173}{10}$ est l'écriture fractionnaire du même nombre.

Corrigés p. 18

Je m'entraîne

Brouillon

Exercice 1

a. Donne l'écriture la plus simple possible des nombres suivants.

95,62000 .... 95,62 | 167,00 167
8,0750 .... 8,075 | 100,00 100
0,190 .... 0,19 | 0058 58
013,870 .... 13,87 | 0300 300
105,010 .... 105,01 | 000,08 0,08

b. Complète la phrase avec « gauche » ou « droite ».

Pour écrire le plus simplement possible les nombres, je supprime les zéros qui sont à gauche de la partie entière et ceux qui sont à droite de la partie décimale.

Exercice 2

Écris en chiffres les nombres suivants.

a. douze-mille-quatre-vingt-onze : 12 091

b. cent-treize-et-dix-sept centièmes* : 113,017

c. huit-cent-cinq-et-neuf millièmes : 805,009

d. treize-milliards-treize-mille-treize : 13 000 013 013

e. sept-et-vingt-trois centièmes : 7,023

Brouillo

Exercice 3

Ces nombres sont-ils correctement écrits ? Corrige-les lorsque c'est nécessaire.

a. 12 34 56 78 90 1 234 567 890

b. 3 57 0 0905 7 357 009 057

c. 9 875 48 987 548

d. 75 304 75 304

e. 216698 216 698

f. 407 235 000 137

g. 753 01

h. 2 375 20 237 520

Exercice 4

Relis les nombres que tu viens d'écrire dans l'exercice précédent et complète les phrases suivantes.

a. Lorsqu'un nombre entier* comporte trois tranches de trois chiffres, on parle de Millions.

b. Lorsqu'un nombre entier a quatre tranches de trois chiffres, on parle de Milliards.

Exercice 5

Dans chacun des nombres suivants, indique ce que représente le chiffre 5 (des dizaines de mille ? des millièmes ? …).

a. 580 219 016 : centaines de millions

b. 0,000 5 : dix-

c. 158 321 094 743 :

d. 48,51 :

e. 4 850,6 :

f. 6,152 3 :

Brouillon

Exercice 6

Écris en écriture décimale les nombres suivants.

a. $\frac{9}{10}$ = 0,9

b. $\frac{6}{100}$ = 0,06

c. $\frac{1}{10\,000}$ = 0,0001

d. $\frac{23}{100}$ = 0,23

e. $\frac{57}{1\,000}$ = 0,057

f. $\frac{193}{100}$ = 1,93

g. $\frac{265}{10}$ = 26,5

h. $\frac{5}{10\,000}$ = 0,0005

i. $\frac{396}{10\,000}$ = 0,0396

j. $\frac{482}{1\,000}$ = 0,483

Exercice 7

Écris en écriture fractionnaire les nombres suivants.

a. 0,1 = $\frac{1}{10}$

b. 0,17 = $\frac{17}{10}$

c. 0,017 = $\frac{17}{1\,000}$

d. 1,07 = $\frac{107}{10}$

e. 17,1 = $\frac{171}{10}$

f. 7,001 = $\frac{7001}{1\,000}$

Exercice 8

Trouve le nombre décimal dont :

– la partie entière est 3 ;

– le chiffre des dixièmes est le même que dans 914,73 ;

– le chiffre des centièmes est le même que dans 8,021 ;

– et le chiffre des millièmes est le double de celui des centièmes.

3,724

Corrigés des exercices

Exercice 1

a. 95,62 - 167 - 8,075 - 100 - 0,19 - 58 - 13,87 - 300 - 105,01 - 0,08.
b. … à **gauche** de la partie entière et … à **droite** de la partie décimale.

Exercice 2

a. 12 091 ; b. 113,17 ; c. 805,009 ;
d. 13 000 013 013 ; e. 7,23.
(Tu peux utiliser un tableau pour écrire ces nombres.)

Exercice 3

Les nombres d. et f. sont correctement écrits.
Il faut corriger les autres nombres en formant des tranches de 3 chiffres à partir du chiffre des unités : a. 1 234 567 890 ; b. 357 009 057 ; c. 987 548 ; e. 216 698 ; g. 75 301 ; h. 237 520.

Exercice 4

a. million ; b. milliard.

Exercice 5

a. **5**80 219 016 : centaine de millions ; b. 0, 000 **5** : dix-millième ; c. 1**5**8 321 094 743 : dizaine de milliards ; d. 48, **5**1 : dixième ; e. 4 8**5**0,6 : dizaine ; f. 6,1**5**2 3 : centième ;
Si tu hésites, utilise le tableau de la page 13 (donnant la position d'un chiffre dans un nombre) pour positionner le chiffre 5.

Exercice 6

a. 0,9 ; b. 0,06 ; c. 0,000 1 ; d. 0,23 ; e. 0,057 ; f. 1,93 ; g. 26,5 ; h. 0,000 5 ; i. 0,0396 ; j. 0,482.

Exercice 7

a. $\frac{1}{10}$; b. $\frac{17}{100}$; c. $\frac{17}{1\,000}$; d. $\frac{107}{100}$; e. $\frac{171}{10}$; f. $\frac{7\,001}{1\,000}$.

Exercice 8

3,724.

Rangement des nombres sur une droite graduée

Je retiens le cours

Notes

1 Comparer des nombres

Pour comparer des nombres, on utilise deux symboles : > et <.

> signifie « est supérieur à » (est plus grand que).

< signifie « est inférieur à » (est plus petit que).

Ex. : **17 < 35** **35 > 17**
1 093 > 999 **764 < 932.**

2 Ranger des nombres

▸ Sur une droite graduée, on peut ranger des nombres entiers* ou décimaux*, du plus petit au plus grand.

Ex. :

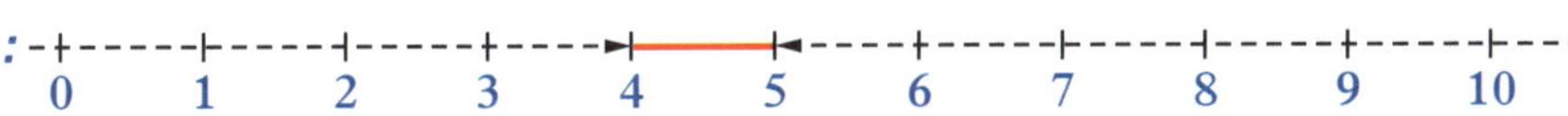

0 < 1 < 2 < 3 < 4 < 5 < 6 < 7 < 8 < 9 < 10

▸ Entre deux nombres entiers consécutifs, on peut intercaler des nombres décimaux.

Ex. :

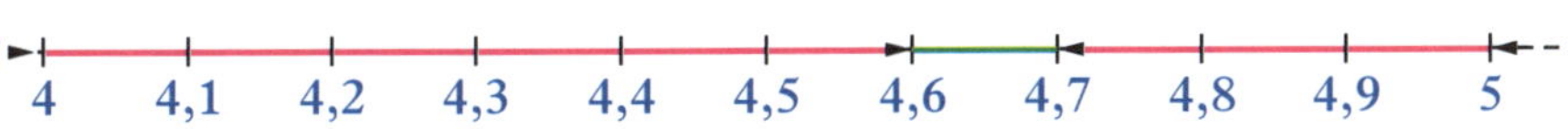

4,0 < 4,1 < 4,2 < 4,3 < 4,4 < 4,5 < 4,6 < 4,7 < 4,8 < 4,9 < 5,0

▸ Entre deux nombres décimaux, on peut toujours intercaler d'autres nombres décimaux.

Ex. :

4,60 < 4,61 < 4,62 < 4,63 < 4,64 < 4,65 < 4,66 < 4,67 < 4,68 < 4,69 < 4,70

Notes

3 Repérer un point sur une droite

L'abscisse* d'un point situé sur une droite graduée est le nombre entier ou décimal qui permet de repérer ce point sur la droite.

Ex. :

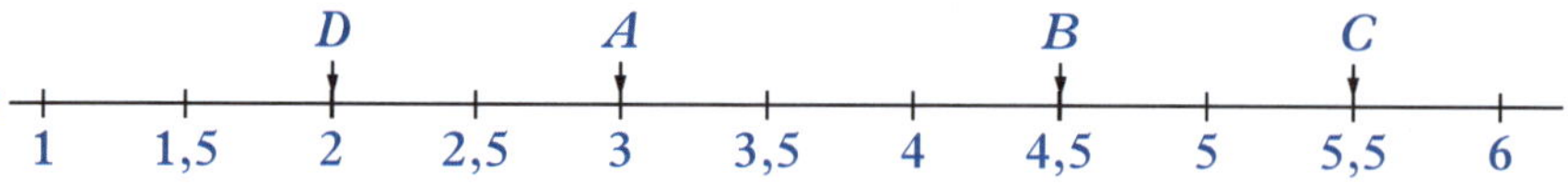

L'abscisse du point A est 3 ; celle de B est 4,5 ; celle de C est 5,5 et celle de D est 2.

Je comprends comment faire

Construire une droite graduée

Pour construire une droite graduée, il faut mesurer des longueurs égales pour tracer des graduations régulières (il n'est pas indispensable de partir de zéro).

Ex. :

droite graduée correctement

droite mal graduée

Encadrer l'abscisse d'un point

Encadrer l'abscisse* d'un point, c'est donner les deux graduations les plus proches, à gauche et à droite de ce point.

Ex. :

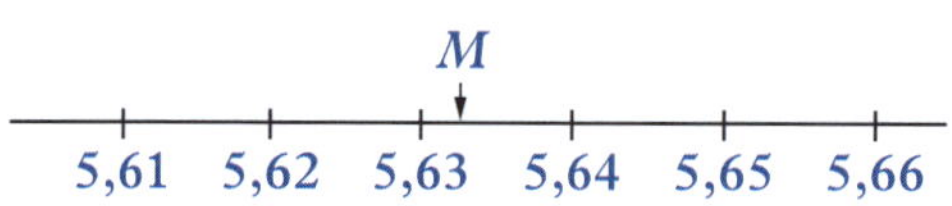

Encadrer l'abscisse du point *M*, c'est dire que l'abscisse du point *M* est comprise entre 5,63 et 5,64.

Corrigés p. 24

Je m'entraîne

Brouillon

Exercice 1

Trouve le nombre entier* qui précède et qui suit chaque nombre ci-dessous.

a. 27,95 → 27 / 28

b. 20 199,7 → 20 199 / 21 000

Exercice 2

Intercale un nombre décimal* entre les nombres ci-dessous.

a. 19 et 20 → 19,5

b. 19,8 et 19,9 → 19,85

Exercice 3

Encadre chaque nombre décimal par les deux nombres entiers consécutifs les plus proches.

a. .... < 28,3 < ....

b. .... < 54,53 < ....

c. .... < 0,17 < ....

d. .... < 10 099,6 < ....

e. .... < 1,915 < ....

f. .... < 0,715 < ....

g. .... < 10 999,6 < ....

h. .... < 9 999 999,91 < ....

Exercice 4

Complète les graduations suivantes.

a.

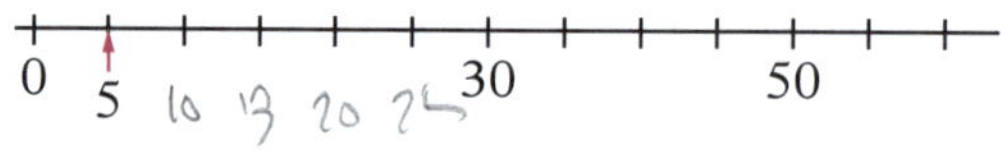

b.

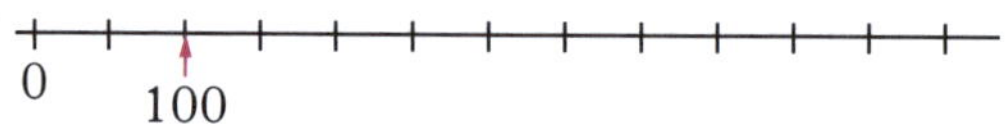

c.

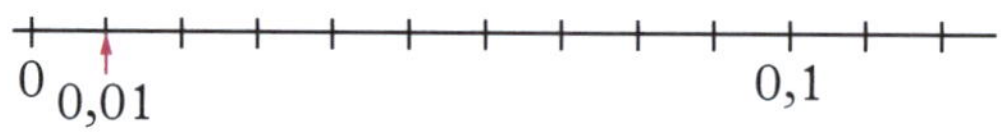

d.

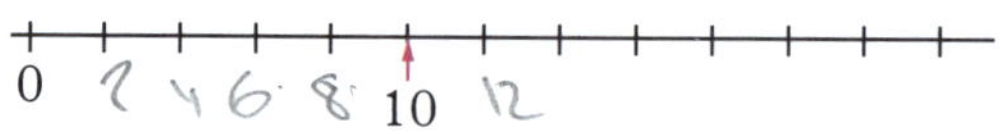

Exercice 5

a. **Quels sont les nombres correspondant aux points *A*, *B* et *C* ?**

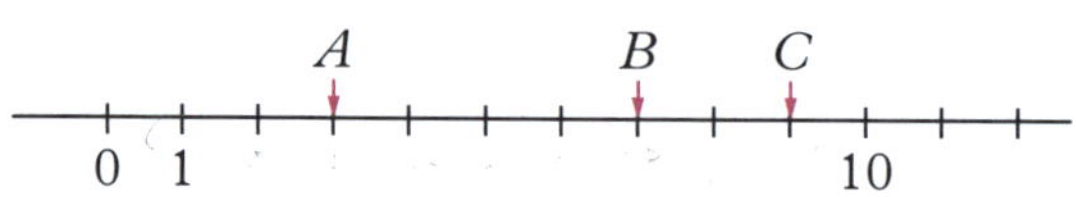

A = 3 C = 9

B = 7

b. **Comment s'appellent ces nombres ?**

....

....

Exercice 6

a. **Sur cette droite graduée, quelles sont les abscisses* des points *O*, *I* et *J* ?**

....

....

b. **Sur cette même droite graduée, place les points *K*, *L*, *M* et *P* d'abscisses respectives : 3,5 – 0,5 – 8 – 11.**

Brouillon

Exercice 7

a. **Donne les abscisses des points *A*, *B*, *C* et *D*.**

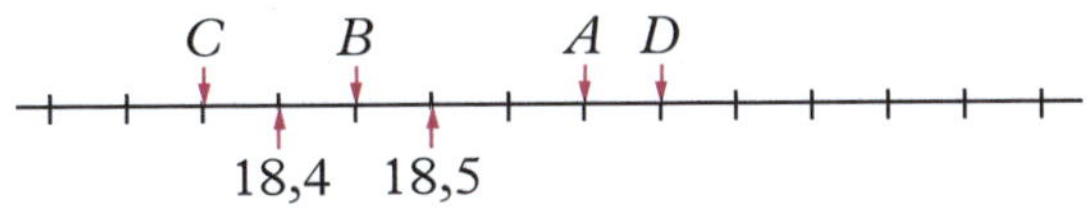

A = 18,6 C = 18,35

B = 18,45 D = 18,6

b. **Place les points *E* et *F* d'abscisses 18,7 et 18,3.**

Exercice 8

Encadre l'abscisse du point *H* par deux nombres décimaux.

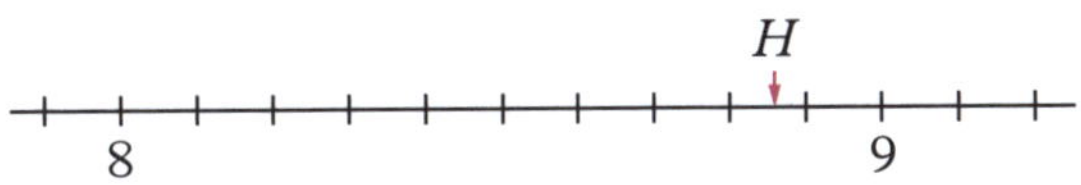

Exercice 9

Sur cette droite graduée, colorie le segment* sur lequel sont situés tous les points dont l'abscisse est comprise entre 3,4 et 3,5.

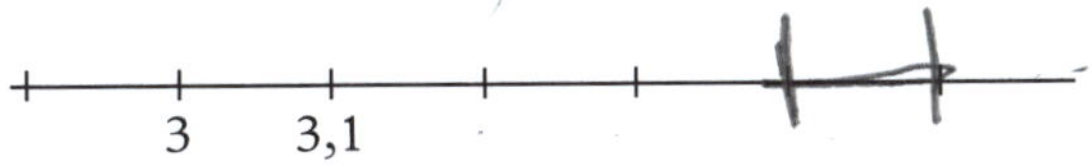

Corrigés des exercices

Exercice 1

a. 27 – 28 ; b. 20 199 – 20 200.

Exercice 2

a. Tout nombre de la forme 19,…
Exemples : 19,7 – 19,05 – 19,375.

b. Tout nombre de la forme 19,8…
Exemples : 19,84 – 19,892.

Exercice 3

a. 28 < 28,3 < 29 ; b. 54 < 54,53 < 55 ; c. 0 < 0,17 < 1 ; d. 10 099 < 10 099,6 < 10 100 ;
e. 1 < 1,915 < 2 ; f. 0 < 0,715 < 1 ; g. 10 999 < 10 999,6 < 11 000 ;
h. 9 999 999 < 9 999 999,91 < 10 000 000.

Exercice 4

a.

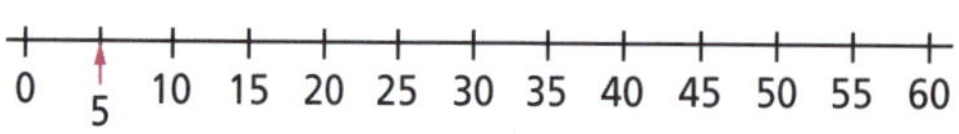

b.

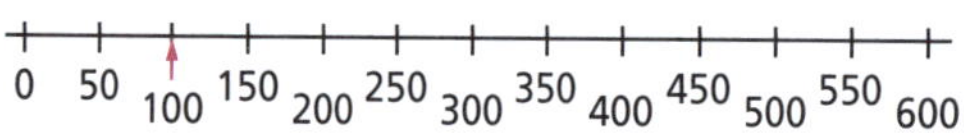

c.

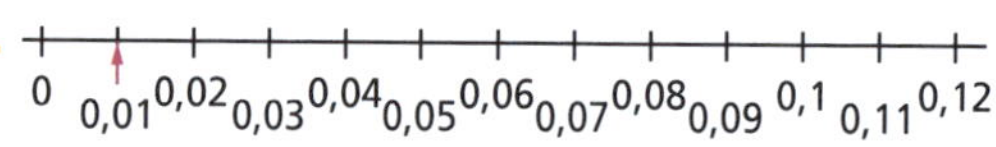

d.

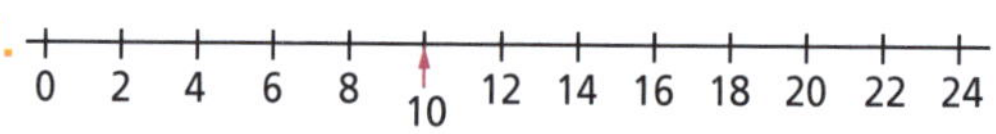

Exercice 5

a.

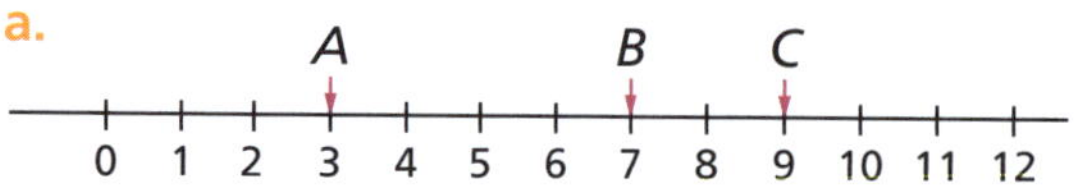

A : 3 ; *B* : 7 ; *C* : 9.

b. Les nombres 3, 7 et 9 sont les **abscisses** des points *A*, *B* et *C*.

Exercice 6

a. Les abscisses des points *O*, *I* et *J* sont, dans l'ordre : 0 ; 5 ; 8,5.

b.

Exercice 7

a. *A* : 18,6 ; *B* : 18,45 ; *C* : 18,35 ; *D* : 18,65.

b.

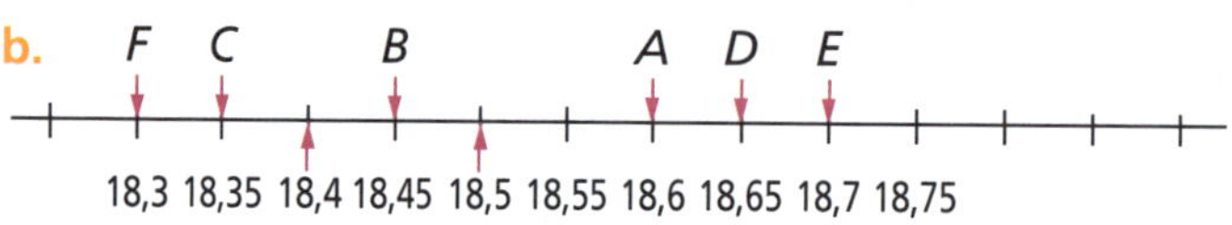

Exercice 8

L'abscisse du point *H* est comprise entre 8,8 et 8,9.

Exercice 9

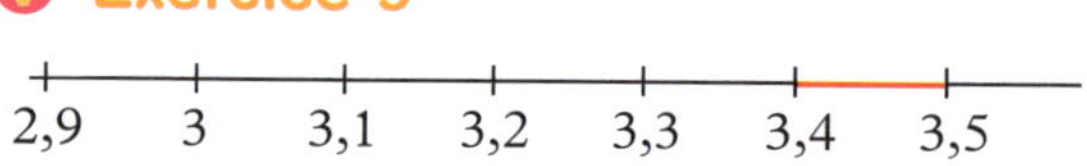

Comparer, arrondir les nombres décimaux

Je retiens le cours

Notes

1 Comparer et ranger

▶ **Ranger des nombres en ordre croissant**, c'est les classer du plus petit au plus grand.

Ex. : **2 < 102 < 2 000 < 12 201 est un rangement par ordre croissant.**

▶ **Ranger des nombres en ordre décroissant**, c'est les classer du plus grand au plus petit.

Ex. : **109 > 93 > 51 > 7 est un rangement par ordre décroissant.**

2 Arrondir un nombre décimal

L'arrondi* à l'unité d'un nombre décimal est le nombre entier* le plus proche.

Ex. : **l'arrondi à l'unité de 3,26 est 3 ; l'arrondi à l'unité de 18,73 est 19.**

Si le chiffre des dixièmes est 5, on arrondit toujours au nombre entier supérieur.

Ex. : **l'arrondi à l'unité de 73,5 est 74.**

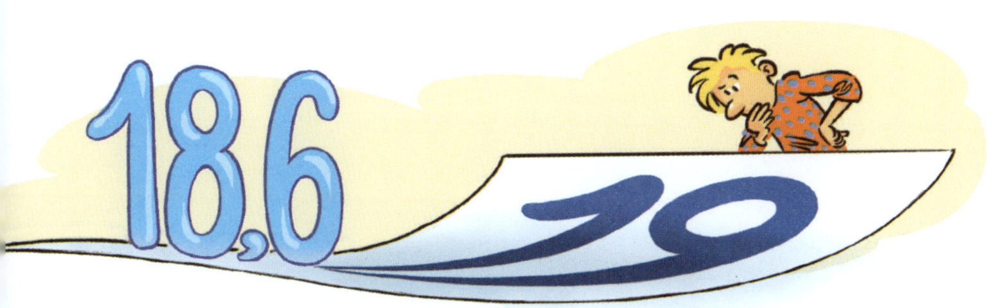

Je comprends comment faire

Comparer deux nombres décimaux

Pour comparer deux nombres décimaux*, on compare leurs parties entières.

→ **Si les parties entières sont différentes**, le plus grand nombre est celui qui a la plus grande partie entière.

_Ex._ : 109,3 > 19,03 car 109 > 19 ; 98,57 > 89,7 car 98 > 89.

Attention ! Le nombre décimal* le plus grand n'est pas forcément celui qui a le plus de chiffres dans sa partie décimale.

_Ex._ : 51,685 < 51,7.

→ **Si ces deux nombres ont la même partie entière**, deux méthodes sont possibles :

Première méthode : on compare leurs chiffres de même rang dans la partie décimale, en commençant par le chiffre des dixièmes.

_Ex._ : 51,73 > 51,685 car 7 dixièmes > 6 dixièmes ; 180,597 > 180,591 car 7 millièmes > 1 millième.

Seconde méthode : on compare leurs parties décimales. On complète avec des zéros si c'est nécessaire pour avoir le même nombre de chiffres dans la partie décimale.

_Ex._ : 51,730 > 51,685 car 730 > 685 ; 180,597 > 180,591 car 597 > 591.

Trouver l'arrondi à l'unité d'un nombre décimal

Pour trouver l'arrondi* à l'unité d'un nombre décimal, il suffit d'encadrer ce nombre par les deux entiers* les plus proches et chercher celui qui est le plus près.

_Ex._ : L'arrondi à l'unité de 19,3 est 19 car 19,3 est plus près de 19 que de 20. L'arrondi à l'unité de 19,5 est 20.

L'arrondi à l'unité de 19,9 est 20 car 19,9 est plus près de 20 que de 19.

Corrigés p. 30

Je m'entraîne

Brouillon

Exercice 1

Utilise les symboles < , > ou = pour comparer les nombres suivants.

a. 12,53 125,3

b. 5,231 5

c. 4,13 4,103

d. 0,19 1,9

e. 18,53 18,530

f. $\frac{7}{10}$ .... $\frac{7}{100}$

g. $1 + \frac{15}{1\,000}$ 1,015

h. 1,035 10,035

i. 2,53 1,253

j. treize millièmes .... trois millièmes

k. 7,98 7,893

l. 8,5 8,59

Exercice 2

a. **Complète avec les nombres suivants :**

7,55 – 7,015 – 7,51 – 7,501 – 7,5.

7,01 < .... < 7,105 < .... < .... < .... < ....

b. **Dans quel ordre ce rangement est-il fait ?**

....

Exercice 3

Donne l'arrondi à l'unité des nombres suivants.

a. 37,3 ....

b. 37,9 ....

c. 37,5 ....

d. 75,15 ....

e. 57,5 ....

f. 0,3 ....

g. 99,05 ....

h. 0,7 ....

i. 37,05 ....

j. 99,5 ....

Brouillon

Exercice 4

a. Range dans l'ordre croissant les nombres suivants.

89 – 18,9 – 19,8 – 98 – 98,1 – 89,8 – 81,9 – 91,8.

....

....

b. Range dans l'ordre décroissant les nombres suivants.

13,59 - 13,5 - 13,55 - 13,584 - 13,594 - 13,58.

....

....

c. Range dans l'ordre décroissant les nombres suivants.

$5 + \frac{1}{10}$; $5 + \frac{7}{100}$; $5 + \frac{1}{100}$; $5 + \frac{7}{10}$; $5 + \frac{71}{100}$.

....

....

....

....

Exercice 5

Trouve le nombre décimal* ayant 4 chiffres dans sa partie décimale et tel que :

– 1,2 < .... < 1,3 ;

– le chiffre des centièmes* est le triple du chiffre des unités ;

– le chiffre des millièmes est égal à 5 ;

– le chiffre des dix-millièmes est le double du chiffre des dixièmes.

....

....

Exercice 6

a. Range ces animaux par ordre croissant de taille. Pense à convertir les mesures dans la même unité.

Le gorille : 175 cm ; le kangourou : 2 m ;

l'ours polaire : 34 dm ; la tortue d'Afrique : 100 mm ;

l'élan : 0,23 dam.

....

....

....

....

b. Range ces animaux par ordre décroissant de poids.

La pieuvre : 2 700 dag ; le fauconnet de Bornéo : 35 g ;

le lion : 1 850 hg ; la girafe : 1 800 kg ; l'éléphant d'Afrique : 11,96 t.

....

....

....

....

Brouillon

Corrigés des exercices

Exercice 1

a. 12,53 < 125,3 ; b. 5,231 > 5 ; c. 4,13 > 4,103 ; d. 0,19 < 1,9 ; e. 18,53 = 18,530 ; f. $\frac{7}{10} > \frac{7}{100}$; g. $1 + \frac{15}{1\,000} = 1{,}015$; h. 1,035 < 10,035 ; i. 2,53 > 1,253 ;
j. treize millièmes > trois millièmes ; k. 7,98 > 7,893 ; l. 8,5 < 8,59

Exercice 2

a. 7,01 , 7,015 , 7,105 , 7,5 , 7,501 , 7,51 , 7,55.
b. C'est un rangement en ordre croissant.

Exercice 3

	arrondi à l'unité		arrondi à l'unité
a. 37,3	37	f. 0,3	0
b. 37,9	38	g. 99,05	99
c. 37,5	38	h. 0,7	1
d. 75,15	75	i. 37,05	37
e. 57,5	58	j. 99,5	100

Exercice 4

a. 18,9 < 19,8 < 81,9 < 89 < 89,8 < 91,8 < 98 < 98,1.
b. 13,594 > 13,59 > 13,584 > 13,58 > 13,55 > 13,5.
c. $5 + \frac{71}{100} > 5 + \frac{7}{10} > 5 + \frac{1}{10} > 5 + \frac{7}{100} > 5 + \frac{1}{100}$

Exercice 5

Le nombre décimal cherché est 1,235 4.

Exercice 6

a. Pour comparer les tailles, on les transforme toutes en cm : 175 cm ; 2 m = 200 cm ; 34 dm = 340 cm ; 100 mm = 10 cm ; 0,23 dam = 230 cm.
On compare maintenant les nombres :

175 ; 200 ; 340 ; 10 ; 230.

Du plus petit au plus grand, on trouve : la tortue, le gorille, le kangourou, l'élan, l'ours.
b. On dresse le tableau de conversion des masses, pour toutes les exprimer dans la même unité.
Du plus lourd au plus léger, on trouve : l'éléphant, la girafe, le lion, la pieuvre, le fauconnet.

Addition et soustraction

Je retiens le cours

1 Définition

Les nombres que l'on ajoute ou que l'on soustrait sont des **termes**.

Ex. : **36,2 + 18,5 = 5 ,7**

36,2 → **1er terme** ; **18,5** → **2e terme** ; **5 ,7** → **somme**

2 L'addition

▸ Dans une addition :

– on peut inverser l'ordre des termes ; *Ex. :* **35 + 15 = 15 + 35.**

– on peut aussi grouper des termes pour calculer plus rapidement.

Ex. : **18 + 76 + 32 + 24 = (18 + 32) + (76 + 24) = 50 + 100 = 150.**

▸ Le résultat d'une addition s'appelle une **somme**.

3 La soustraction

▸ Dans une soustraction de nombres entiers* ou décimaux* :

– le premier terme doit toujours être supérieur au second terme ;

Ex. : **27 – 53,5 est une soustraction impossible, car 27 < 53,5.**

– on ne peut pas inverser l'ordre des termes.

Ex. : **53,5 – 27 = 26,5. (27 – 53,5 est une soustraction impossible.)**

▸ Le résultat d'une soustraction s'appelle une **différence**.

Notes

Notes

Je comprends comment faire

Additionner ou soustraire des nombres entiers ou décimaux

Pour additionner ou soustraire des nombres entiers* ou décimaux*, on place les chiffres de même rang les uns sous les autres. Puis on fait les calculs sans oublier les retenues et en ajoutant des zéros si c'est nécessaire.

Ex. :

```
   23,70          ¹39,00
 −  5,94        + 157,61
 -------        --------
   17,76          196,61
```

Additionner ou soustraire des écritures fractionnaires

Pour additionner ou soustraire des écritures fractionnaires, on vérifie que tous les dénominateurs* sont identiques, et on ajoute ou on soustrait les numérateurs*.

Ex. : $\frac{7}{10} + \frac{12}{10} = \frac{7 + 12}{10} = \frac{19}{10}$; $\frac{4}{10} - \frac{11}{100} = \frac{40}{100} - \frac{11}{100} = \frac{40 - 11}{100} = \frac{29}{100}$.

Attention ! si les dénominateurs sont différents, il faut les rendre identiques.

Additionner ou soustraire avec des parenthèses

Dans des opérations comportant des parenthèses, il faut toujours commencer par effectuer les calculs qui se trouvent à l'intérieur des parenthèses.

Ex. : 20 + (35 – 25) = 20 + 10 = 30

(50 – 30) – (35 – 20) = 20 – 15 = 5

Trouver l'ordre de grandeur d'une somme ou d'une différence

Pour trouver l'ordre de grandeur* d'une somme ou d'une différence, il faut remplacer chacun des termes par un nombre voisin plus simple.

Ex. : 832,7 + 9 574 a pour ordre de grandeur 1 000 + 10 000 = 11 000.

Corrigés p. 36

Je m'entraîne

Brouillon

Exercice 1

Pose et effectue les opérations suivantes. Utilise la calculatrice pour vérifier tes résultats.

a. 3,83 + 11,5 + 179

b. 55,2 – 7,9

c. 13,8 – 11,97

d. 109 –19,79

e. 127 + 0,98 + 10,1 + 1 045

Exercice 2

Calcule en ligne.

a. 69 + 4,3 + 2,7 = ...

b. 5,3 + 1,9 + 2,6 = ...

c. 0,85 – 0,105 = ...

d. 0,51 – 0,051 = ...

Brouillon

Exercice 3

Groupe des termes dans les additions suivantes pour effectuer plus rapidement les calculs.

a. 17 + 54 + 3 + 46 = ...

....

b. 158 + 83 + 25 + 142 + 17 = ...

....

c. 1,2 + 1,7 + 3,8 + 3,3 = ...

....

Exercice 4

Calcule les opérations suivantes, puis vérifie tes résultats en utilisant la forme fractionnaire.

a. 0,73 + 0,19 = ...

....

b. 7,18 – 5,9 = ...

....

Exercice 5

Calcule en ligne (attention aux parenthèses).

a. 7,3 + (11,2 – 3,8) = ...

....

b. 11,5 – (3,5 + 6,8) = ...

....

c. (8,2 + 3,7) – (8,8 – 3,7) = ...

....

Exercice 6

Relie les opérations à gauche aux résultats à droite en utilisant l'ordre de grandeur*.

93,5 – 63,7 •	• 485,27
0,17 + 0,28 •	• 1,36
7,29 – 5,93 •	• 10 000
1 921,2 + 8 078,8 •	• 29,8
629 – 143,73 •	• 0,45

Exercice 7

Louise est partie de Paris en TGV à 14 h 37 min et est arrivée à Marseille à 18 h.

Quelle est la durée de son trajet ?

....

....

....

....

Exercice 8

L'avion de Joséphine devait décoller de Paris-Orly à 15 h 30 min et se poser à l'aéroport de Marseille après 1 h 20 min de vol.

À quelle heure cet avion atterrira-t-il à Marseille sachant qu'il a 25 min de retard ?

....

....

....

....

....

Brouillon

Corrigés des exercices

Exercice 1

a.
$$\begin{array}{r} 3{,}83 \\ +\ 11{,}5 \\ +\ 179 \\ \hline 194{,}33 \end{array}$$

b.
$$\begin{array}{r} 55{,}2 \\ -\ 7{,}9 \\ \hline 47{,}3 \end{array}$$

c.
$$\begin{array}{r} 13{,}\mathbf{80} \\ -\ 11{,}97 \\ \hline 01{,}83 \end{array}$$

d.
$$\begin{array}{r} 109{,}\mathbf{00} \\ -\ 19{,}79 \\ \hline 089{,}21 \end{array}$$

e.
$$\begin{array}{r} 127 \\ +\ 0{,}98 \\ +\ 10{,}1 \\ +\ 1045 \\ \hline 1183{,}08 \end{array}$$

Exercice 2

a. 69 + 4,3 + 2,7 = 76,0 = 76 ; b. 5,3 + 1,9 + 2,6 = 9,8 ; c. 0,850 – 0,105 = 0,745 ;
d. 0,510 – 0,051 = 0,459.

Exercice 3

a. 17 + 54 + 3 + 46 = (17 + 3) + (54 + 46) = 20 + 100 = 120.
b. 158 + 83 + 25 + 142 + 17 = (158 + 142) + (83 + 17) + 25 = 300 + 100 + 25 = 425.
c. 1,2 + 1,7 + 3,8 + 3,3 = (1,2 + 3,8) + (1,7 + 3,3) = 5 + 5 = 10.

Exercice 4

a. 0,73 + 0,19 = 0,92.
$$\frac{73}{100} + \frac{19}{100} = \frac{73 + 19}{100} = \frac{92}{100}.$$

b. 7,18 – 5,9 = 1,28.
$$\frac{718}{100} - \frac{59}{10} = \frac{718}{100} - \frac{590}{100} = \frac{718 - 590}{100} = \frac{128}{100}.$$

Exercice 5

a. 7,3 + 7,4 = 14,7 ; b. 11,5 – 10,3 = 1,2 ; c. 11,9 – 5,1 = 6,8.

Exercice 6

93,5 – 63,7 → 29,8
7,29 – 5,93 → 1,36
629 – 143,73 → 485,27

0,17 + 0,28 → 0,45
1 921,2 + 8 078,8 → 10 000

Exercice 7

18 h – 14 h 37 min = 17 h 60 min – 14 h 37 min = 3 h 23 min.
Son trajet dure 3 h 23 min.

$$\begin{array}{r} 17\text{ h }60\text{ min} \\ \not{18\text{ h }00\text{ min}} \\ -\ 14\text{ h }37\text{ min} \\ \hline 3\text{ h }23\text{ min} \end{array}$$

Exercice 8

15 h 30 min + 1 h 20 min = 16 h 50 min.
L'avion aurait dû se poser à Marseille à 16 h 50 min.
16 h 50 min + 25 min = 16 h 75 min = 17 h 15 min.
Cet avion atterrira à 17 h 15 min.

$$\begin{array}{rr} 16\text{ h} & 50\text{ min} \\ + & 25\text{ min} \\ \hline 16\text{ h} & \not{75\text{ min}} \\ +\ 1\text{ h} & -\ 60\text{ min} \\ \hline 17\text{ h} & 15\text{ min} \end{array}$$

La multiplication

Je retiens le cours

1 Définitions

- Le résultat d'une multiplication s'appelle un **produit.**
- Les nombres que l'on multiplie sont des **facteurs.**

Ex. : 33 × 4 = 132
(33 et 4 : facteurs ; 132 : produit)

2 Ordre des facteurs

Dans une multiplication, on peut inverser l'ordre des facteurs.

Ex. : 15 × 11 = 11 × 15.

3 Regroupement des facteurs

Dans une multiplication, on peut aussi grouper des facteurs pour faciliter les calculs.

Ex. : $25 \times 11 \times 50 \times 4 \times 2 = \underbrace{(25 \times 4)}_{100} \times \underbrace{(50 \times 2)}_{100} \times 11 = 100 \times 100 \times 11$
$= 110\,000$;

$8 \times 7 \times 6 \times 125 = \underbrace{(8 \times 125)}_{1\,000} \times (7 \times 6) = 1\,000 \times 42 = 42\,000.$

Notes

Je comprends comment faire

Multiplier des nombres décimaux entre eux

Pour multiplier des nombres décimaux* :

→ on multiplie comme s'il n'y avait pas de virgule ;

→ on place la virgule dans le résultat en comptant le nombre total de chiffres après la virgule dans les deux facteurs.

Ex. :

$$\begin{array}{r} 3{,}24 \\ \times\quad 6{,}8 \\ \hline 2592 \\ 1944\bullet \\ \hline 22{,}032 \end{array}$$

au total, 3 chiffres après la virgule (3,24 et 6,8)

3 chiffres après la virgule (22,032)

Multiplier des écritures fractionnaires entre elles

Pour multiplier des écritures fractionnaires entre elles, on multiplie les numérateurs* entre eux et les dénominateurs* entre eux.

Ex. : $\frac{5}{10} \times \frac{73}{100} = \frac{5 \times 73}{10 \times 100} = \frac{365}{1\,000}$.

Vérification : $\frac{5}{10} = 0{,}5$; $\frac{73}{100} = 0{,}73$; $0{,}5 \times 0{,}73 = 0{,}365 = \frac{365}{1\,000}$.

Multiplier avec des parenthèses

Il faut d'abord effectuer les calculs entre parenthèses.

Ex. : $13 \times (5 + 2) = 13 \times 7 = 91$ $\quad (12 - 3) \times (6 + 4) = 9 \times 10 = 90$

Trouver l'ordre de grandeur d'un produit

Pour trouver l'ordre de grandeur* d'un produit, on multiplie les ordres de grandeur de chacun des facteurs.

Ex. : L'ordre de grandeur du produit $8{,}95 \times 5{,}3$ est $10 \times 5 = 50$
(l'ordre de grandeur de 8,95 est 10 ; celui de 5,3 est 5).

Notes

Je m'entraîne

Corrigés p. 42

Brouillon

Exercice 1

Regroupe des facteurs pour calculer plus facilement les produits suivants.

a. $125 \times 3 \times 8 \times 2 =$ ....

....

b. $50 \times 7 \times 2 \times 3 =$ ....

....

c. $8 \times 25 \times 4 \times 9 =$ ....

....

Exercice 2

Place la virgule qui manque dans chacun des produits suivants.

a. $3{,}7 \times 1{,}85 = 6\,8\,4\,5$

b. $14{,}23 \times 0{,}78 = 1\,1\,0\,9\,9\,4$

c. $49 \times 0{,}8 = 3\,9\,2$

d. $3{,}15 \times 7 = 2\,2\,0\,5$

Exercice 3

Effectue les produits suivants en posant les multiplications, puis vérifie les résultats trouvés avec la calculatrice.

a. $31{,}7 \times 9{,}5$

b. $501 \times 3{,}07$

Brouillon

Exercice 4

Trouve le produit des nombres suivants écrits en écriture fractionnaire.

a. $\frac{12}{100} \times \frac{7}{10} =$ ....

....

b. $\frac{9}{1\,000} \times \frac{5}{100} =$ ....

....

c. $\frac{34}{10} \times \frac{5}{10} =$ ....

....

Exercice 5

Calcule en ligne (attention aux parenthèses).

a. $1{,}2 \times (13 - 6) =$ ....

....

b. $0{,}5 \times (7 \times 3) =$ ....

....

c. $(1{,}4 + 1{,}5) \times (1{,}5 \times 2) =$ ....

....

Exercice 6

Effectue le produit de 35 par 13 puis, sans faire d'autres calculs, donne le résultat des produits suivants.

$35 \times 13 =$ ....

a. $3{,}5 \times 1{,}3 =$ ....

b. $0{,}35 \times 0{,}13 =$ ....

c. $3{,}5 \times 13 =$ ....

d. $0{,}35 \times 1{,}3 =$ ....

e. $3{,}5 \times 0{,}13 =$ ....

f. $0{,}035 \times 0{,}013 =$ ....

Exercice 7

Un mille marin vaut 1,852 km. Les navires qui traversent l'Atlantique parcourent environ 3 000 milles marins.

Quelle distance, en km, cette traversée représente-t-elle ?

....

....

....

....

Exercice 8

Calcule l'ordre de grandeur* de chacun des produits suivants, pour trouver la bonne réponse parmi celles proposées par Sarah, Margaux et Baptiste.
Entoure chaque fois la bonne réponse.

	Sarah	Margaux	Baptiste
8,4 × 3,12	26,208	16,208	2,620 8
15,08 × 4	160,32	40,32	60,32
128,8 × 11,4	75,48	294,12	1 468,32

....

....

Corrigés des exercices

Exercice 1

a. $(125 \times 8) \times (3 \times 2) = 1\,000 \times 6 = 6\,000$.

b. $(50 \times 2) \times (7 \times 3) = 100 \times 21 = 2\,100$.

c. $(8 \times 9) \times (25 \times 4) = 72 \times 100 = 7\,200$.

Exercice 2

a. $3{,}7 \times 1{,}85 = 6{,}845$; b. $14{,}23 \times 0{,}78 = 11{,}099\,4$; c. $49 \times 0{,}8 = 39{,}2$; d. $3{,}15 \times 7 = 22{,}05$.

Exercice 3

a.

$$\begin{array}{r} 31{,}7 \\ \times\ 9{,}5 \\ \hline 1\,5\,8\,5 \\ 2\,8\,5\,3\ . \\ \hline 3\,0\,1{,}1\,5 \end{array}$$

b.

$$\begin{array}{r} 501 \\ \times\, 3{,}07 \\ \hline 3\,5\,0\,7 \\ 1\,5\,0\,3\ .\ . \\ \hline 1\,5\,3\,8{,}0\,7 \end{array}$$

Exercice 4

a. $\dfrac{12}{100} \times \dfrac{7}{10} = \dfrac{12 \times 7}{100 \times 10} = \dfrac{84}{1\,000}$.

Vérif. : $0{,}12 \times 0{,}7 = 0{,}084$.

b. $\dfrac{9}{1\,000} \times \dfrac{5}{100} = \dfrac{9 \times 5}{1\,000 \times 100} = \dfrac{45}{100\,000}$.

Vérif. : $0{,}009 \times 0{,}05 = 0{,}000\,45$.

c. $\dfrac{34}{10} \times \dfrac{5}{10} = \dfrac{34 \times 5}{10 \times 10} = \dfrac{170}{100}$.

Vérif. : $3{,}4 \times 0{,}5 = 1{,}70$.

Exercice 5

a. $1{,}2 \times 7 = 8{,}4$; b. $0{,}5 \times 21 = 10{,}5$; c. $2{,}9 \times 3 = 8{,}7$.

Exercice 6

$35 \times 13 = 455$.

a. $3{,}5 \times 1{,}3 = 4{,}55$; b. $0{,}35 \times 0{,}13 = 0{,}045\,5$; c. $3{,}5 \times 13 = 45{,}5$;

d. $0{,}35 \times 1{,}3 = 0{,}455$; e. $3{,}5 \times 0{,}13 = 0{,}455$; f. $0{,}035 \times 0{,}013 = 0{,}000\,455$.

Exercice 7

$1{,}852 \times 3\,000 = 5\,556$. La traversée de l'Atlantique représente environ 5 556 km.

Exercice 8

- $8{,}4 \times 3{,}12 \rightarrow$ ordre de grandeur : $8 \times 3 = 24$.

La bonne réponse est celle de Sarah.

- $15{,}08 \times 4 \rightarrow$ ordre de grandeur : $15 \times 4 = 60$.

La bonne réponse est celle de Baptiste.

- $128{,}8 \times 11{,}4 \rightarrow$ ordre de grandeur : $100 \times 10 = 1\,000$.

La bonne réponse est celle de Baptiste.

La division avec quotient entier

Je retiens le cours

1 Le quotient entier exact

- Le résultat d'une division s'appelle un **quotient***.
- Le nombre que l'on divise est le **dividende***.

dividende	diviseur
	quotient

- Le quotient entier exact* d'une division est le nombre entier* par lequel il faut multiplier le diviseur* pour obtenir le dividende :

dividende = diviseur × quotient entier exact

Ex. :

60	15
00	4

60 : 15 = 4 (4 est le quotient entier exact de 60 par 15, car 15 × 4 = 60).

Attention ! On ne peut pas diviser par zéro.

2 Le quotient entier approché

Le quotient entier approché* est le nombre entier par lequel il faut multiplier le diviseur pour se rapprocher le plus près possible du dividende (sans le dépasser) :

dividende =
diviseur × quotient approché + reste

Attention ! Le reste doit toujours être inférieur au diviseur.

Ex. :

62	15
02	4

62 : 15 = 4 reste 2 (2 < 15)

(4 est le quotient entier approché de 62 par 15, car 15 × 4 + 2 = 62).

Notes

Je comprends comment faire

Effectuer une division

<table>
<tr><th>Ex. : Effectuer 459 : 13.</th><th>Ex. : Effectuer 1 235 : 13.</th></tr>
<tr><td colspan="2">On cherche d'abord le nombre de chiffres qu'il faut prendre au dividende* :
si on a 2 chiffres au diviseur*, on en prend 2 au dividende.</td></tr>
<tr><td>En 45 combien de fois 13 ?
Ou : en 4 combien de fois 1 ?
4 fois, mais $4 \times 13 = 52$ et $52 > 45$;
donc on essaie 3 fois : $3 \times 13 = 39$, puis on soustrait 39 de 45.</td><td>En 12 combien de fois 13 ?
Impossible, car $12 < 13$.
Donc on prend 3 chiffres : en 123 combien de fois 13 ? Ou : en 12 combien de fois 1 ?
Le plus grand possible est 9 :
$9 \times 13 = 117$,
puis on soustrait 117 de 123.</td></tr>
<tr><td>459 | 13
− 39 | 35
069
− 65
4

On abaisse le 9, puis :
en 69 combien de fois 13 ?
5 fois :
$5 \times 13 = 65$.</td><td>1235 | 13
− 117 | 95
0065
− 65
0

On abaisse le 5, puis :
en 65 combien de fois 13 ?
5 fois :
$5 \times 13 = 65$.</td></tr>
<tr><td>Conclusion : 459 : 13 = 35 reste 4.
35 est un quotient entier approché*.
Vérification :
$35 \times 13 + 4 = 455 + 4 = 459$.</td><td>Conclusion : 1 235 : 13 = 95 reste 0.
95 est un quotient entier exact*.
Vérification :
$95 \times 13 = 1\,235$.</td></tr>
</table>

Notes

Corrigés p. 48

Je m'entraîne

Brouillon

Exercice 1

Pour chaque division, indique quels sont les chiffres que tu prendras au dividende* pour commencer la division ; puis déduis le nombre de chiffres du quotient*.

Ex. : 425 : 16 → 42 → 2 chiffres au quotient

a. 414 : 24 → ....

....

b. 187 : 45 → ....

....

c. 1 315 : 8 → ....

....

d. 1 414 : 12 → ....

....

Exercice 2

Vérifie les opérations suivantes, sans poser les divisions.

a. 89 : 13 = 6 reste 11 → ....

....

b. 104 : 12 = 8 reste 8 → ....

....

c. 741 : 11 = 67 reste 4 → ....

....

d. 1 695 : 16 = 105 reste 15 → ....

....

Brouillon

Exercice 3

a. Pose et effectue au brouillon les divisions suivantes : 285 : 15 et 285 : 19.

b. Écris les preuves de ces opérations. Que remarques-tu ?

....

c. Complète les phrases suivantes.

..... est le .... de 285 par 15 ;

..... est le .... de 285 par 19.

Exercice 4

Calcule le quotient* entier des divisions suivantes, et donne le reste. Utilise ta calculatrice pour vérifier tes résultats (sans diviser).

a. 113 : 7 → ....

b. 741 : 45 → ....

c. 325 : 7 → ....

d. 2 165 : 21 → ....

Exercice 5

Complète le tableau suivant (arrondis* les euros* au centième*).

	eau minérale	soda
6 bouteilles	4 €	8 €
1 bouteille	.....	.....

Exercice 6

a. Une division dont le diviseur* est 21 peut-elle avoir 25 pour reste ?

....

....

....

....

....

b. Une division dont le quotient est 21 peut-elle avoir 25 pour reste ?

....

....

....

....

....

Exercice 7

a. On partage la somme de 61 875 € entre 5 personnes.

Quelle sera la part de chacun ?

....

....

b. Un pack de 6 bouteilles de lait pèse 6 216 g.

Combien pèse chaque bouteille ?

....

....

....

Brouillon

Corrigés des exercices

Exercice 1

a. **41**4 : 24 → 2 chiffres au quotient.
b. **187** : 45 → 1 chiffre au quotient.
c. **13**18 : 8 → 3 chiffres au quotient.
d. **14**14 : 12 → 3 chiffres au quotient.

Exercice 2

Vérifications (toutes les divisions sont justes) :
a. 13 × 6 + 11 = 89 ; b. 12 × 8 + 8 = 104 ; c. 11 × 67 + 4 = 741.
d. 16 × 105 + 15 = 1 695.

Exercice 3

a.

285	15
135 (retenue 4)	19
00	

285 (retenue 1)	19
095 (retenue 4)	15
00	

b. 15 × 19 = 285. 19 × 15 = 285. C'est le même produit : on peut inverser l'ordre des facteurs (19 et 15).
c. **19** est le **quotient entier exact** de 285 par 15.
15 est le **quotient entier exact** de 285 par 19.

Exercice 4

division	quotient entier	reste	vérification
a. 113 : 7	16	1	7 × 16 + 1 = 113
b. 741 : 45	16	21	45 × 16 + 21 = 741
c. 325 : 7	46	3	7 × 46 + 3 = 325
d. 2 165 : 21	103	2	21 × 103 + 2 = 2 165

Exercice 5

	eau minérale	soda
6 bouteilles	4 €	8 €
1 bouteille	4 : 6 = 0,67 €	8 : 6 = 1,33 €

Exercice 6

a. Le reste d'une division doit toujours être inférieur au diviseur. Lorsque le diviseur est 21, tous les restes possibles sont : 0, 1, 2, 3, 4, 5, …, 18, 19 et 20. Donc 25 ne peut pas être le reste d'une division lorsque le diviseur est 21.
b. Le reste doit toujours être inférieur au diviseur (et non pas au quotient). Une division dont le quotient est 21 peut avoir 25 pour reste, à condition que le diviseur soit supérieur à 25.

Exercice 7

a. 61 875 : 5 = 12 375. Chacune des 5 personnes recevra 12 375 €.
b. 6 216 : 6 = 1 036. Chaque bouteille pèse 1 036 g.

Multiples et diviseurs

Je retiens le cours

Notes

1 Multiples et diviseurs

▸ **Un multiple*** d'un nombre entier* est toujours **supérieur ou égal** à ce nombre.

48 est un **multiple** de 6, car il est égal au **produit** de 6 par un autre nombre entier : 48 = **6** × 8.

On peut dire aussi que 48 est un multiple de 8, car 48 = **8** × 6.

▸ **Un diviseur*** d'un nombre entier est toujours **inférieur ou égal** à ce nombre.

6 est un **diviseur** de 48, car le reste de la division de 48 par 6 est égal à zéro.

8 est aussi un diviseur de 48, car 48 : 8 = 6 **reste zéro**.

2 Avec un quotient entier exact

Lorsque le reste de la division d'un nombre entier *a* par un nombre entier *b* est zéro, on dit que :

– le nombre entier *a* est divisible* par le nombre entier *b* ;

– le nombre entier *a* est un multiple du nombre entier *b* ;

– le nombre entier *b* est un diviseur du nombre entier *a*.

Ex. :

221	13
91	17
00	

221 est divisible par 13.
221 est un multiple de 13.
13 est un diviseur de 221.

3 Critères de divisibilité

Un nombre entier est divisible :

– **par 2**, si son chiffre des unités est 0, 2, 4, 6 ou 8 ;

– **par 5**, si son chiffre des unités est 0 ou 5 ;

– **par 10**, si son chiffre des unités est 0 ;

– **par 3**, si la somme de ses chiffres est un multiple de 3 ;

– **par 9**, si la somme de ses chiffres est un multiple de 9 ;

– **par 4**, si les deux chiffres de droite forment un multiple de 4.

Notes

Je comprends comment faire

Savoir si un nombre entier *a* est divisible par un nombre entier *b*

Pour savoir si un nombre entier* *a* est divisible* par un nombre entier *b* :

→ on vérifie que le reste de la division de *a* par *b* est égal à zéro ;

→ on utilise les critères de divisibilité.

Trouver le facteur inconnu, le dividende ou le diviseur

→ Pour trouver le facteur inconnu dans une multiplication, il faut faire une division.

Ex. : **12 × □ = 96 conduit à □ = 96 : 12 = 8.**

Vérification **: 12 × 8 = 96.**

→ Pour trouver le dividende* d'une division de reste zéro, il faut multiplier le diviseur* par le quotient exact*.

Ex. : **□ : 17 = 26 conduit à □ = 17 × 26 = 442.**

Vérification **: 442 : 17 = 26.**

→ Pour trouver le diviseur d'une division de reste zéro, il faut diviser le dividende par le quotient exact.

Ex. : **855 : □ = 19 conduit à □ = 855 : 19 = 45.**

Vérification **: 855 : 45 = 19.**

Corrigés p. 54

Brouillon

Je m'entraîne

Exercice 1

Par quel nombre faut-il multiplier 97 pour trouver 1 164 ?

....

....

....

Exercice 2

Complète les phrases suivantes avec multiple* ou diviseur* ou divisible* par.

$17 \times 13 = 221$; $159 : 13 = 12$ reste 3 ; $312 : 24 = 13$.

a. 221 est un .... de 13.

b. 221 est un .... de 17.

c. 24 est un .... de 312.

d. 13 est un .... de 312.

e. 13 n'est pas un .... de 159.

f. 159 n'est pas .... 13.

Exercice 3

a. Dans une division, le quotient* entier exact* est 42 et le diviseur est 17.

Quel est le dividende* ? → ....

b. Dans une division, le dividende est 840 et le quotient entier exact est 105.

Quel est le diviseur ? Quel est le reste ? ....

840 est-il un multiple de 105 ? → ....

Brouillon

Exercice 4

Trouve le nombre mystérieux qui se cache dans les opérations suivantes.

a. 17 × ………… = 272

b. ………… × 12 = 252

c. ………… : 9 = 67

d. 285 : ………… = 15

e. 3 630 : ………… = 66

f. ………… : 13 = 105

Exercice 5

Les nombres suivants sont-ils divisibles par 2, par 5, par 10 ? Coche les cases du tableau.

divisible par :	2	5	10
a. 1 024			
b. 55			
c. 210			
d. 500			
e. 76			
f. 38			
g. 63			
h. 42			
i. 99			

j. **Complète :** Un entier est divisible par 10 s'il est à la fois divisible par ……… et par ………

Exercice 6

Un kangourou a réalisé un saut en longueur de 1 280 cm, qui représente 8 fois sa taille.

Quelle est sa taille ?

……………………………………………………………………………………

……………………………………………………………………………………

Exercice 7

a. Calcule le double de 124, puis le triple du nombre obtenu.

....

b. Je pense à un nombre. Je le double, puis je triple le résultat obtenu. Je trouve 102.

Quel est ce nombre ?

....

....

c. Quel est le prix de 6 paquets de pâtes, si un paquet coûte 0,74 € ?

....

d. Une boîte de 25 tubes de peinture coûte 41,92 €.

Combien coûte un tube de peinture ?

....

e. Le diamètre de la Terre est de 12 756 km. Le diamètre du Soleil est environ 109 fois plus grand que celui de la Terre. Quel est sa mesure ?

....

....

....

f. L'escalier de la tour mesure 23,25 m. Chaque marche a une hauteur de 15 cm. Combien cet escalier a-t-il de marches ?

....

....

Brouillon

Corrigés des exercices

Exercice 1

Le nombre par lequel il faut multiplier 97 pour trouver 1 164 est le résultat de la division ci-contre :
Il s'agit du nombre **12**.

1 164	97
194	12
00	

Exercice 2

a. multiple ; b. multiple ; c. diviseur ; d. diviseur ; e. diviseur ; f. divisible par.
- 221 est divisible par 13, car 221 : 13 = 17 reste 0.
- 312 est divisible par 13, car 312 : 13 = 24 reste 0.
- 159 n'est pas divisible par 13, car 159 : 13 = 12 reste 3 (≠ 0).

Exercice 3

a. dividende = diviseur × quotient entier exact. Donc, dividende = 17 × 42 = 714. Le dividende de cette division est 714.

b. dividende = diviseur × quotient entier exact. Donc, 840 = diviseur × 105.
Pour trouver le diviseur, il faut diviser 840 par 105 : 840 : 105 = 8. Le diviseur est **8** et le reste est **0** puisque le quotient est un quotient exact.
840 = 8 × 105. 840 est bien un multiple de 105, puisqu'il est égal au produit de 105 par un nombre entier : 8.

Exercice 4

a. 16 ; b. 21 ; c. 603 ; d. 19 ; e. 55 ; f. 1 365.

Exercice 5

divisible par :	2	5	10
a. 1 024	×		
b. 55		×	
c. 210	×	×	×
d. 500	×	×	×
e. 76	×		

divisible par :	2	5	10
f. 38	×		
g. 63			
h. 42	×		
i. 99			

j. Un entier est divisible par 10 s'il est à la fois divisible par 2 et par 5.

Exercice 6

1 280 : 8 = 160. Le kangourou mesure 160 cm, c'est-à-dire 1,6 m.

Exercice 7

a. 124 × 2 = 248 ; 248 × 3 = 744.

b. □ × 2 □ × 3 = 102, donc 102 : 3 = 34 ; 34 : 2 = 17. Le nombre auquel je pensais est 17.

c. 0,74 × 6 = 4,44. 6 paquets de pâtes coûtent **4,44 €**.

d. 41,92 : 25 = 1,676 8. Un tube de peinture coûte 1,68 €.

e. 12 756 × 109 = 1 390 404. Le diamètre du Soleil mesure **1 390 404 km**.

f. 23,25 m = 2 325 cm et 2 325 : 15 = 155. L'escalier de la tour a donc 155 marches.

La division avec quotient décimal

Je retiens le cours

1 Le quotient décimal exact

Une division permet de calculer un quotient entier* (voir *leçon 6, p. 43*) ou un quotient décimal* qui peut être un quotient décimal exact.

Ex. : **Si 12 roses coûtent 15 €, une rose coûte 1,25 €.**
En effet, 15 : 12 = 1,25 reste zéro.
1,25 est un quotient décimal exact.

2 Le quotient décimal approché

Le quotient décimal peut être un quotient décimal approché*.

Ex. : **Si le prix de 12 roses est 16,85 €, pour trouver le prix d'une rose, on pose la division : 16,85 : 12.**
Or 16,85 : 12 = 1,404166666... → La division ne s'arrête jamais.
1,4 est un quotient décimal approché au dixième près ;
1,40 est un quotient décimal approché au centième* près.
On peut encadrer le résultat de cette division par deux nombres entiers :
1 est l'approximation entière par défaut du quotient (1 < 1,404166666...) ;
2 est l'approximation entière par excès du quotient (2 > 1,404166666...).

Attention ! Lorsque la division ne s'arrête jamais, on ne peut pas donner le résultat exact sous la forme d'un nombre entier ou décimal.

Ex. : **10 : 3 = 3,333333...**
La valeur exacte du quotient se notera 10 : 3 ou 10/3 ou $\frac{10}{3}$.

Notes

Je comprends comment faire

Trouver un quotient décimal

→ **Lorsque le diviseur* et le dividende* sont entiers***

Ex. :

Dividende	Diviseur
7	25
70	0,28
200	
00	

En 7 combien de fois 25 ? 0 fois → j'écris 0 au quotient*.
0 × 25 = 0, puis 7 – 0 = 7. Pour continuer la division, j'ajoute un 0 et je place la virgule au quotient. (Ensuite, je rajouterai autant de zéros qu'il faudra pour poursuivre.)

→ **Lorsque le diviseur* est entier et le dividende décimal***

Ex. :

Dividende	Diviseur
28,8	12
04 8	2,4
0 0	

On divise d'abord la partie entière du dividende : en 28 combien de fois 12 ? 2 fois. 2 × 12 = 24, puis 28 – 24 = 4.
Et on place la virgule au quotient, dès qu'on abaisse le premier chiffre de la partie décimale : j'abaisse le 8 et je place la virgule au quotient.
En 48 combien de fois 12 ? 4 fois. 4 × 12 = 48, puis 48 – 48 = 0.

→ **Lorsque le diviseur est décimal**, il faut le rendre entier en le multipliant par 10, 100 ou 1000, et multiplier ensuite le dividende par le même nombre.

Ex. : 4,59 : 0,9 → on multiplie le diviseur par 10 pour le rendre entier (0,9 × 10 = 9),
on multiplie aussi le dividende par 10 et on divise ainsi 45,9 par 9.
6 : 0,25 → revient à diviser 600 par 25.

Notes

Corrigés p. 60

Brouillon

Je m'entraîne

Exercice 1

Sans poser les divisions, aide-toi de l'ordre de grandeur* des quotients* suivants pour entourer la réponse exacte parmi celles proposées.

a. 4 895 : 52 → 0,941 9,41 94,1 941

b. 19,6 : 38 → 0,515 5,15 51,5 515

c. 120,8 : 59 → 0,204 2,04 20,4 204

Exercice 2

Trouve les quotients décimaux exacts.

a. 1,25 : 5 = ...

b. 87,1 : 13 = ...

c. 0,081 : 9 = ...

d. 54 : 15 = ...

Vérifie tes résultats à la calculatrice (sans faire de divisions).

Exercice 3

Calcule les quotients décimaux approchés au dixième près en indiquant le reste quand il y en a un.

a. 49 : 13 = ...

b. 8,2 : 17 = ...

c. 584 : 36,5 = ...

d. 20,3 : 29 = ...

Que peux-tu dire des quotients c. et d. ?

....

Brouillon

Exercice 4

Avec la calculatrice, trouve le quotient décimal approché* au millième près de 32,7 : 4,9, puis encadre ce quotient :

– à l'unité près : .... < 32,7 : 4,9 < ....

– au dixième près : .... < 32,7 : 4,9 < ....

– au centième* près : .... < 32,7 : 4,9 < ....

Exercice 5

Sur son podomètre, Anna lit :

distance parcourue : 6 km ; nombre de pas : 7 500.

Calcule la longueur d'un pas.

....

....

Exercice 6

Donne la hauteur moyenne d'un étage de chacun des gratte-ciel suivants.

a. À Paris la tour de Maine-Montparnasse mesure 210 m pour 58 étages.

....

....

b. À Chicago, le Sears Tower mesure 443 m pour 110 étages.

....

....

c. La tour Nina à Hong-Kong mesure 468 m pour 100 étages.

....

....

Exercice 7

Quel est le prix du litre d'essence sans plomb, sachant que le père d'Aymeric a dépensé 51,84 € pour un plein de 32,4 litres ?

....

....

....

....

Exercice 8

Avec une bouteille de soda de 1,5 L, combien de verres de 12,5 cL peut-on remplir ?

....

....

....

....

Exercice 9

Le train Transibérien parcourt 9 295 km en 6 jours et 13 heures.

Quelle distance parcourt-il en moyenne en une heure ?

....

....

....

....

....

Brouillon

Corrigés des exercices

Exercice 1

a. 4 895 : 52 → 5 000 : 50 = 100, donc 4 895 : 52 = 94,1.
b. 19,6 : 38 → 20 : 40 = 0,5, donc 19,6 : 38 = 0,515.
c. 120,8 : 59 → 120 : 60 = 2, donc 120,8 : 59 = 2,04.

Exercice 2

a. 1,25 : 5 = 0,25 ; b. 87,1 : 13 = 6,7 ; c. 0,081 : 9 = 0,009 ; d. 54 : 15 = 3,6.
Vérifications :
a. 5 × 0,25 = 1,25 ; b. 13 × 6,7 = 87,1 ; c. 9 × 0,009 = 0,081 ; d. 15 × 3,6 = 54.

Exercice 3

a. 49 : 13 = 3,7 reste 0,9 ; b. 8,2 : 17 = 0,4 reste 1,4 ; c. 584 : 36,5 = 16 reste 0 ;
d. 20,3 : 29 = 0,7 reste 0.
Les quotients c. et d. sont des quotients exacts.
Vérification des résultats :
a. 13 × 3,7 + 0,9 = 49 ; b. 17 × 0,4 + 1,4 = 8,2 ; c. 36,5 × 16 = 584 ; d. 29 × 0,7 = 20,3.

Exercice 4

32,7 : 4,9 = 6,673. Encadrement :
– à l'unité près : 6 < 32,7 : 4,9 < 7 ;
– au dixième près : 6,6 < 32,7 : 4,9 < 6,7 ;
– au centième près : 6,67 < 32,7 : 4,9 < 6,68 ;

Exercice 5

6 km = 6 000 m = 600 000 cm. 600 000 : 7 500 = 80. Un pas mesure 80 cm.

Exercice 6

a. 210 : 58 = 3,62. Un étage de la tour de Maine-Montparnasse mesure 3,62 m.
b. 443 : 110 = 4,02. Un étage du Sears Tower mesure 4,02 m de hauteur.
c. 468 : 100 = 4,68. Un étage de la tour Nina mesure 4,68 m de hauteur.

Exercice 7

51,84 : 32,4 = 1,6. Un litre d'essence sans plomb coûte 1,60 €.

Exercice 8

1,5 L = 150 cL. 150 : 12,5 = 12. Avec 1,5 L de soda, on peut remplir 12 verres de 12,5 cL.

Exercice 9

1 jour = 24 heures. 6 jours 13 heures = 6 × 24 + 13 = 157 heures. 9 295 : 157 = 59,2.
En une heure, le Transibérien parcourt en moyenne 59,2 km.

Multiplier ou diviser par 10, 100 ou 1 000

Notes

Je retiens le cours

1 Multiplier par 0,1

Multiplier par 0,1 ou 0,01 ou 0,001, c'est diviser par 10 ou 100 ou 1 000.

Ex. : **17 × 0,1 = 17 : 10 = 1,7 ;**

2 Multiplier par 10, 100 ou 1 000

▸ Pour multiplier **un nombre entier*** par **10, 100** ou **1 000,** j'ajoute **1, 2** ou **3 zéros à droite** de ce nombre.

Ex. : **425 × 10 = 4 250 ; 17 × 100 = 1 700 ; 150 × 1 000 = 150 000.**

▸ Pour multiplier un nombre décimal* par 10, 100 ou 1 000, je déplace la virgule de **1, 2** ou **3 rangs** vers la droite.

Ex. : **3,14 × 10 = 31,4 ; 3,14 × 100 = 314 ; 3,14 × 1 000 = 3 140.**

3 Diviser par 0,1

Diviser par 0,1 ou 0,01 ou 0,001, c'est multiplier par 10 ou 100 ou 1 000.

Ex. : **8,9 : 0,01 = 8,9 × 100 = 890.**

4 Diviser par 10, 100 ou 1 000

▸ Pour diviser un n**ombre entier** par **10, 100** ou **1 000,** je place **une virgule** pour séparer **1, 2** ou **3 chiffres à partir de la droite** de ce nombre.

Ex. : **46 : 10 = 4,6 ; 46 : 100 = 0,46 ; 46 : 1 000 = 0,046.**

▸ Pour diviser un nombre décimal par 10, 100 ou 1 000 : je déplace la virgule de **1, 2** ou **3 rangs** vers la gauche.

Ex. : **17,3 : 10 = 1,73 ; 17,3 : 100 = 0,173 ; 17,3 : 1 000 =0,0173.**

Je comprends comment faire

Convertir des longueurs, des capacités ou des masses à l'aide d'un tableau

km	hm	dam	m	dm	cm	mm
	5	1	3	7		

On lit : 5 137 dm = 513,7 m = 51,37 dam = 5,137 hm = 0,513 7 km
= 51 370 cm.

hL	daL	L	dL	cL	mL
1	2	3			

On lit : 1,23 hL = 12,3 daL = 123 L = 1 230 dL = 12 300 cL = 123 000 mL.

t	q	...	kg	hg	dag	g	dg	cg	mg
	7	0	5	8	2	1			

On lit : 705 821 g = 70 582,1 dag = 7 058,21 hg = 7,0582 1 q
= 0,705 821 t = 705 821 000 mg.

→ Dans un tableau de conversion, il faut toujours placer le **chiffre des unités** dans la **colonne de l'unité donnée**.

→ **Pour convertir**, on place une virgule à l'extrémité de la colonne de la nouvelle unité (en supprimant ou en rajoutant des zéros si c'est nécessaire).

Ex. :

km	hm	dam	m	dm	cm	mm
	1	3,	5	7		
	1	3	5,	7		
	1	3	5	7	0	

→ Pour placer 13,57 dam dans le tableau, je place le chiffre 3 dans les dam.

– Je transforme en m en plaçant la virgule après les m : 135,7 m.

– Je transforme en cm : la virgule se place après les cm. Je rajoute un 0 dans les cm (je n'écris pas la virgule puisqu'il n'y a aucun chiffre après) : 13 570 cm.

Notes

Corrigés p. 66

Je m'entraîne

Brouillon

Exercice 1

Complète en utilisant les signes × ou : .

a. 735 ………… 10 = 73,5

b. 7,35 ………… 10 = 73,5

c. 7,35 ………… 10 = 0,735

d. 735 ………… 100 = 73 500

e. 7,35 ………… 100 = 0,073 5

f. 735 ………… 1 000 = 0,735

Exercice 2

Calcule sans poser aucune opération.

a. $35 \times 10 =$ ……………………

b. $194{,}86 \times 10 =$ ……………………

c. $51{,}2 \times 10 =$ ……………………

d. $3{,}14 \times 10 =$ ……………………

e. $0{,}3 \times 10 =$ ……………………

f. $0{,}025 \times 10 =$ ……………………

g. $17{,}456 \times 100 =$ ……………………

h. $5{,}3 \times 100 =$ ……………………

i. $0{,}8 \times 100 =$ ……………………

j. $200 \times 1\,000 =$ ……………………

k. $0{,}5 \times 1\,000 =$ ……………………

l. $0{,}091 \times 100 =$ ……………………

m. $0{,}15 \times 1\,000 =$ ……………………

n. $7{,}39 \times 1\,000 =$ ……………………

Exercice 3

Calcule sans poser la division.

a. 157 : 10 = ……………………

b. 23 : 10 = ……………………

c. 249 : 10 = ……………………

d. 39 : 100 = ……………………

e. 9 : 100 = ……………………

f. 1 015 : 100 = ……………………

g. 4 : 1 000 = ……………………

h. 28 : 1 000 = ……………………

i. 413 : 1 000 = ……………………

j. 3 827 : 1 000 = ……………………

Brouillon

Exercice 4

Quelle opération permet de passer du premier nombre au deuxième ?

a. 1,23 → 0,012 3 ....

b. 7,895 → 789,5 ....

c. 125,8 → 125 800 ....

d. 326,7 → 32,67 ....

Exercice 5

Sans poser les multiplications, calcule les opérations suivantes.

a. 5 × 0,1 = ...

b. 17 × 0,01 = ...

c. 139 × 0,001 = ...

d. 8,2 × 0,1 = ...

e. 217,5 × 0,001 = ...

f. 15,6 × 0,001 = ...

g. 8,13 × 0,001 = ...

h. 3,4 × 0,01 = ...

Exercice 6

Construis un tableau de conversion pour faire les transformations demandées.

a. 2 hm 15 dm 9 cm = ... m = ... dam

b. 6,39 km = ... m = ... hm

c. 7 208 cm = ... m = ... km

d. 17,49 m = ... cm = ... hm

e. 590,4 dm = ... dam = ... mm

Brouillon

Exercice 7

Lorsqu'il fait 1 000 tours de pédalier, un cycliste parcourt 2,25 km avec son VTT.

Quelle distance parcourt-il lorsqu'il fait un tour de pédalier ? lorsqu'il fait 100 tours ?

Exercice 8

Le record du monde de patinage de vitesse établi sur 200 km est de 5 heures 40 minutes 37 secondes.

Quel est le temps mis pour patiner sur 100 km ? sur 1 km ?

Corrigés des exercices

Exercice 1

Signe × : b., d.. Signe : : a., c., e., f..

Exercice 2

a. 350 ; b. 1 948,6 ; c. 512 ; d. 31,4 ; e. 3 ; f. 0,25 ; g. 1 745,6 ; h. 530 ; i. 80 ; j. 200 000 ; k. 500 ; l. 9,1 ; m. 150 ; n. 7 390.

Exercice 3

a. 15,7 ; b. 2,3 ; c. 24,9 ; d. 0,39 ; e. 0,09 ; f. 10,15 ; g. 0,004 ; h. 0,028 ; i. 0,413 ; j. 3,827.

Exercice 4

a. : 100 ; b. × 100 ; c. × 1 000 ; d. : 10.

Exercice 5

a. 0,5 ; b. 0,17 ; c. 0,139 ; d. 0,82 ; e. 0,2175 ; f. 0,0156 ; g. 0,00813 ; h. 0,034.

Exercice 6

km	hm	dam	m	dm	cm	mm	
	2	0	1	5	9		a. 201,59 m = 20,159 dam
6	3	9	0				b. 6 390 m = 63,9 hm
		7	2	0	8		c. 72,08 m = 0,072 08 km
		1	7	4	9		d. 1 749 cm = 0,174 9 hm
		5	9	0	4		e. 5,904 dam = 59 040 mm

Exercice 7

2,25 km = 2 250 m. 2 250 : 1 000 = 2,25.
En un tour de pédalier, le cycliste parcourt 2,25 m.
2,25 × 100 = 225. En 100 tours de pédalier, il parcourt 225 m.

Exercice 8

5 heures 40 min 37 s : 2 = 2 h 50 min 18 s 5.
Pour 100 km, le patineur met 2 h 50 min 18 s 5.
2 h 50 min 18 s 5 = 2 × 3 600 + 50 × 60 + 18,5 = 10 218,5 s.
10 218,5 : 100 = 102,185 et 102,185 s = 1 min 42 s 185 millièmes.
Sur 1 km, le patineur met 1 min 42 s.

Notes

Les fractions

Je retiens le cours

1 Écriture fractionnaire

▸ Lorsque la division de deux nombres entiers* a et b ne se termine pas, la valeur exacte du quotient* est donnée par la **fraction*** $\frac{a}{b}$ (parfois notée a/b).

Ex. : $3 : 2 = 1{,}5 = \frac{3}{2}$

1,5 → écriture décimale ; $\frac{3}{2}$ → écriture fractionnaire

$10 : 3 = \frac{10}{3}$ → Ce nombre n'a pas d'écriture décimale*, car la division de 10 par 3 ne se termine pas (voir *leçon* 8, p. 55).

▸ Dans l'écriture $\frac{a}{b}$, a est le **numérateur*** et b est le **dénominateur*** de la fraction.

Attention ! Dans une fraction, le dénominateur est toujours différent de zéro.

2 Quotients égaux

Le quotient $\frac{a}{b}$ de deux nombres ne change pas si on multiplie ou si on divise le numérateur et le dénominateur par un même nombre.

Ex. : $\frac{6}{0{,}25} = \frac{600}{25}$ (× 100 au numérateur et × 100 au dénominateur)

→ Le quotient de 6 par 0,25 est le quotient de 600 par 25 (voir *leçon 8*, p. 55).

Je comprends comment faire

Multiplier un nombre par la fraction $\frac{a}{b}$

On choisit parmi ces 3 méthodes celle qui donne les calculs les plus simples :

→ multiplier ce nombre par le numérateur* et diviser ensuite par le dénominateur* ;

Ex. : $7 \times \frac{3}{5} = (7 \times 3) : 5 = 21 : 5 = 4{,}2$

→ diviser ce nombre par le dénominateur et multiplier ensuite par le numérateur ;

Ex. : $7 \times \frac{3}{5} = (7 : 5) \times 3 = 1{,}4 \times 3 = 4{,}2$

→ multiplier ce nombre par le résultat de la division de *a* par *b*.

Ex. : $7 \times \frac{3}{5} = 7 \times (3 : 5) = 7 \times 0{,}6 = 4{,}2$

Prendre la fraction $\frac{a}{b}$ d'une grandeur

Pour prendre la fraction* d'une grandeur, on multiplie cette grandeur par $\frac{a}{b}$.

Ex. : prendre les $\frac{4}{5}$ de 100 €, c'est multiplier 100 par $\frac{4}{5}$. On trouve 80 €.

Simplifier une fraction

Pour simplifier une fraction, on recherche quels nombres divisent **à la fois** le numérateur et le dénominateur, en appliquant les critères de divisibilité (voir *leçon 7*, p. 49).

Ex. : $\frac{45}{30} \underset{:5}{\overset{:5}{=}} \frac{9}{6} \underset{:3}{\overset{:3}{=}} \frac{3}{2}$. $\frac{3}{2}$ est la fraction simplifiée.

Notes

Corrigés p. 72

Brouillon

Je m'entraîne

Exercice 1

Écris sous forme de fractions*.

sept demis, onze tiers, un quart, huit neuvièmes, treize quinzièmes, cent trois millièmes.

....

....

....

....

Exercice 2

Parmi les fractions suivantes, entoure :

a. en rouge celles qui sont égales à 1 ;

b. en vert celles qui sont supérieures à 1 ;

c. en bleu celles qui sont inférieures à 1.

$\frac{1}{5}$; $\frac{12}{10}$; $\frac{10}{8}$; $\frac{11}{11}$; $\frac{5}{8}$; $\frac{7}{7}$; $\frac{3}{8}$; $\frac{9}{5}$.

Exercice 3

Quel est le nombre décimal* qui se cache derrière les fractions suivantes ?

a. $\frac{1}{2}$ = ... b. $\frac{1}{4}$ = ... c. $\frac{1}{5}$ = ...

d. $\frac{3}{4}$ = ... e. $\frac{7}{10}$ = ... f. $\frac{5}{8}$ = ...

Brouillo

Exercice 4

a. **Place sur cette droite graduée les fractions suivantes :**

$$\frac{1}{3}\ ;\ \frac{2}{3}\ ;\ \frac{7}{3}\ ;\ 1+\frac{1}{3}\ .$$

b. **À quelles fractions, les plus simples possibles, correspondent les points placés sur cette droite ?**

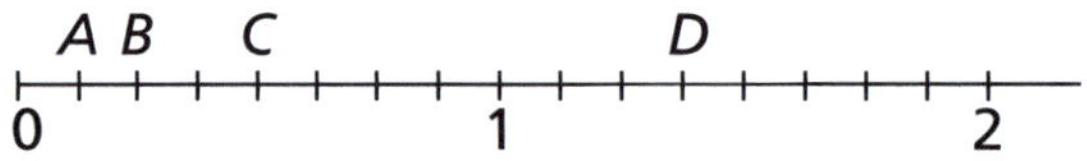

....

Exercice 5

Un pâtissier malin vend ses gâteaux par parts.

Complète le tableau suivant.

masse du gâteau entier	**1 350 g**	**720 g**	**1 060 g**	**630 g**
part = fraction	$\frac{7}{10}$	$\frac{5}{6}$	$\frac{1}{2}$	$\frac{5}{9}$
masse de la part	....	....	....	....

Exercice 6

Simplifie les fractions suivantes.

a. $\frac{24}{36}$ = ...

b. $\frac{33}{55}$ = ...

c. $\frac{30}{60}$ = ...

d. $\frac{56}{72}$ = ...

e. $\frac{45}{105}$ = ...

Brouillon

Exercice 7

Complète le tableau suivant.

fractions d'heures	$\frac{1}{6}$	....	3 demi-heures	$\frac{5}{4}$
nombre de minutes	....	6	....	....

Exercice 8

Le directeur de la station de Pralognan affirme :
– 13 vacanciers sur 25 pratiquent le ski de piste ;
– 9 vacanciers sur 25 pratiquent le ski de fond ;
– 2 vacanciers sur 25 font du surf ;
– 1 vacancier sur 25 se promène à pied ou en raquettes.
Le dernier samedi de décembre, il y avait 4 125 vacanciers à Pralognan-la-Vanoise.

a. Combien pratiqueront le ski de piste durant la semaine, le ski de fond, le surf ?

....

....

....

....

....

....

....

....

....

b. Combien se promèneront à pied ou en raquettes ?

....

....

....

Corrigés des exercices

Exercice 1

$\frac{7}{2}$; $\frac{11}{3}$; $\frac{1}{4}$; $\frac{8}{9}$; $\frac{13}{15}$; $\frac{103}{1\,000}$.

Exercice 2

a. $\frac{11}{11}$; $\frac{7}{7}$.

b. $\frac{12}{10}$; $\frac{10}{8}$; $\frac{9}{5}$.

c. $\frac{1}{5}$; $\frac{5}{8}$; $\frac{3}{8}$.

Exercice 3

a. 0,5 ; b. 0,25 ; c. 0,2 ; d. 0,75 ; e. 0,7 ; f. 0,625.

Exercice 4

a. 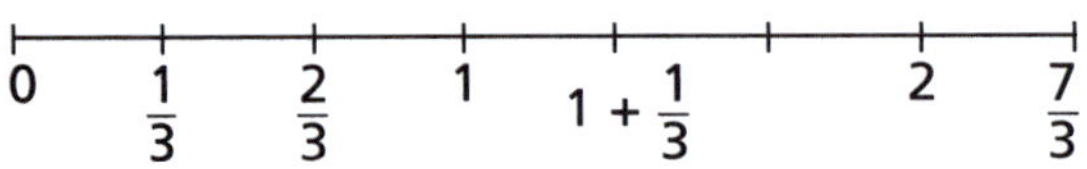

b. $A : \frac{1}{8}$; $B : \frac{1}{4}$; $C : \frac{1}{2}$; $D : \frac{11}{8}$.

Exercice 5

masse du gâteau entier	1 350 g	720 g	1 060 g	630 g
part = fraction	$\frac{7}{10}$	$\frac{5}{6}$	$\frac{1}{2}$	$\frac{5}{9}$
masse de la part	945 g	600 g	530 g	350 g

Exercice 6

a. $\frac{24}{36} = \frac{4 \times 6}{6 \times 6} = \frac{4}{6} = \frac{2 \times 2}{2 \times 3} = \frac{2}{3}$, donc $\frac{24}{36} = \frac{2}{3}$.

De la même façon :

b. $\frac{33}{55} = \frac{3}{5}$; c. $\frac{30}{60} = \frac{1}{2}$; d. $\frac{56}{72} = \frac{7}{9}$; e. $\frac{45}{105} = \frac{3}{7}$.

Exercice 7

fractions d'heures	$\frac{1}{6}$	$\frac{1}{10}$	3 demi-heures	$\frac{5}{4}$
nombre de minutes	10	6	90	75

Exercice 8

a. $4\,125 \times \frac{13}{25} = (4\,125 : 25) \times 13 = 165 \times 13 = 2\,145$. 2 145 vacanciers feront du ski de piste.

$4\,125 \times \frac{9}{25} = (4\,125 : 25) \times 9 = 165 \times 9 = 1\,485$. 1 485 vacanciers seront des fondeurs.

$4\,125 \times \frac{2}{25} = (4\,125 : 25) \times 2 = 165 \times 2 = 330$. 330 vacanciers seront des surfeurs des neiges.

b. $4\,125 \times \frac{1}{25} = 4\,125 : 25 = 165$. 165 vacanciers se promèneront à pied ou en raquettes.

Calcul mental

Je retiens le cours

1 Règle 1 : + 9 ou – 9

- Ajouter 9, c'est ajouter 10 et retrancher 1.
- Retrancher 9, c'est retrancher 10 et ajouter 1.

Ex. : 123 + 9 = (123 + 10) – 1 = 133 – 1 = 132
107 – 9 = (107 – 10) + 1 = 97 + 1 = 98

Notes

2 Règle 2 : × 4 ou : 4

- Multiplier par 4, c'est multiplier par 2 et par 2.
- Diviser par 4, c'est diviser par 2 et par 2.

Ex. : 13 × 4 = (13 × 2) × 2 = 26 × 2 = 52
100 : 4 = (100 : 2) : 2 = 50 : 2 = 25

3 Règle 3 : × 5 ou : 5

- Multiplier par 5, c'est multiplier par 10 et diviser par 2.
- Diviser par 5, c'est multiplier par 2 et diviser par 10.

Ex. : 24 × 5 = (24 × 10) : 2 = 240 : 2 = 120
12 : 5 = (12 × 2) : 10 = 24 : 10 = 2,4

4 Règle 4 : × 25 ou : 25

- Multiplier par 25, c'est multiplier par 100 et diviser par 4.
- Diviser par 25, c'est multiplier par 4 et diviser par 100.

Ex. : 12 × 25 = (12 × 100) : 4 = 1 200 : 4 = (1 200 : 2) : 2
= 600 : 2 = 300

12 : 25 = (12 × 4) : 100 = (12 × 2) × 2 : 100
= (24 × 2) : 100 = 48 : 100 = 0,48

Notes

5 Règle 5 : $\times$ 50 ou : 50

- Multiplier par 50, c'est multiplier par 100 et diviser par 2.
- Diviser par 50, c'est multiplier par 2 et diviser par 100.

Ex. : 6 × 50 = (6 × 100) : 2 = 600 : 2 = 300
6 : 50 = (6 × 2) : 100 = 12 : 100 = 0,12

6 Règle 6 : $\times$ 11

- Multiplier un nombre par 11, c'est multiplier ce nombre par 10 et ajouter ensuite ce nombre au produit obtenu.

Ex. : 23 × 11 = (23 × 10) + 23 = 230 + 23 = 253

Je comprends comment faire

Dans une addition

Je cherche à regrouper les chiffres des unités pour former une dizaine :

1 avec 9 ; 2 avec 8 ; 3 avec 7 ; 4 avec 6 ou 5 avec 5.

Ex. : 54 + 36 = 50 + 4 + 30 + 6 = 50 + 10 + 30 = 90

Je peux aussi décomposer les chiffres des unités pour former une dizaine.

Pour ajouter 5 à un nombre se terminant par **8**, j'ajoute d'abord **2**, puis 3.

Ex. : 138 + 25 = 130 + 8 + 20 + 2 + 3 = 130 + 10 + 20 + 3 = 163

Pour ajouter 9 à un nombre se terminant par **7**, j'ajoute d'abord **3**, puis 6.

Ex. : 127 + 39 = 120 + 7 + 30 + 3 + 6 = 120 + 10 + 30 + 6 = 166

Dans une soustraction

Je peux retrancher par étapes successives pour retrouver d'abord la dizaine inférieure.

Ex. : 105 – 8 → Je soustrais d'abord 5, puis 3 : (105 – 5) – 3 = 100 – 3 = 97

Double et moitié

Pour trouver le double d'un nombre, je multiplie ce nombre par 2 en le décomposant en centaines, dizaines, unités.

Ex. : 425 × 2 = (400 × 2) + (20 × 2) + (5 × 2) = 800 + 40 + 10 = 850

Pour trouver la moitié d'un nombre pair, je divise ce nombre par 2 en le décomposant.

Ex. : 468 : 2 = (400 : 2) + (60 : 2) + (8 : 2) = 200 + 30 + 4 = 234

Je m'entraîne

Corrigés p. 78

Brouillon

Exercice 1

En appliquant les règles de la leçon, calcule mentalement.

a. 31 + 39 = ...

b. 22 + 99 = ...

c. 129 – 19 = ...

d. 145 – 49 = ...

Exercice 2

Sur le modèle de la règle 1 du cours, complète la règle suivante.

a. Ajouter 7, c'est ajouter 10 et retrancher ....

b. Retrancher 7, c'est retrancher 10 et ajouter ....

Exercice 3

Trouve une règle.

a. Multiplier par 30, c'est multiplier par .... puis par 10.

b. Multiplier par 40, c'est multiplier par .... puis par 10.

Exercice 4

Utilise les règles de la leçon pour calculer.

a. $23 \times 4 =$ ....

....

b. $84 : 4 =$ ....

....

c. $13 \times 5 =$ ....

....

d. $24 : 5 =$ ....

....

e. $12 \times 50 =$ ....

....

f. $12 : 50 =$ ....

....

g. $11 \times 20 =$ ....

....

Exercice 5

Utilise les règles de la leçon pour calculer.

a. $32 : 2 =$ ....

....

b. $86 : 2 =$ ....

....

c. $89 : 2 =$ ....

....

d. $32 \times 4 =$ ....

....

e. $57 : 2 =$ ....

....

Brouillon

Exercice 6

Calcule rapidement la facture suivante : 1 DVD à 19 € ; 1 coffret collector à 35 € ; 1 DVD à 21 €.

....

....

Exercice 7

Louise reçoit 1,5 € d'argent de poche par semaine.

a. De quelle somme disposera-t-elle au bout d'un mois (4 semaines) ?

....

....

b. De 3 mois ?

....

....

c. D'une année ?

....

....

Exercice 8

Calcule rapidement la note du supermarché.

11,50 € + 5,35 € + 3,50 € =

....

....

Brouillon

Corrigés des exercices

Exercice 1

a. $31 + 39 = 30 + 1 + 30 + 9 = 30 + 10 + 30 = 70$

b. $22 + 99 = 20 + 2 + 90 + 8 + 1 = 20 + 10 + 90 + 1 = 121$

c. $129 - 19 = 100 + 20 + 9 - 10 - 9 = 100 + 20 - 10 = 110$

d. $145 - 49 = 100 + 40 + 5 - 40 - 5 - 4 = 100 - 4 = 96$

Exercice 2

a. Ajouter 7, c'est ajouter 10 et retrancher **3**.
b. Retrancher 7, c'est retrancher 10 et ajouter **3**.

Exercice 3

a. Multiplier par 30, c'est multiplier par **3** puis par 10.
b. Multiplier par 40, c'est multiplier par **4** puis par 10.

Exercice 4

a. $23 \times 4 = (23 \times 2) \times 2 = 46 \times 2 = 92$

b. $84 : 4 = (84 : 2) : 2 = 42 : 2 = 21$

c. $13 \times 5 = (13 \times 10) : 2 = 130 : 2 = 65$

d. $24 : 5 = (24 \times 2) : 10 = 48 : 10 = 4{,}8$

e. $12 \times 50 = (12 \times 100) : 2 = 1\,200 : 2 = 600$.

f. $12 : 50 = (12 \times 2) : 100 = 24 : 100 = 0{,}24$.

g. $11 \times 20 = (11 \times 2) \times 10 = 22 \times 10 = 220$.

Exercice 5

a. $32 : 2 = (30 : 2) + (2 : 2) = 15 + 1 = 16$

b. $86 : 2 = (80 : 2) + (6 : 2) = 40 + 3 = 43$

c. $89 : 2 = (88 : 2) + (1 : 2) = 44 + 0{,}5 = 44{,}5$

d. $32 \times 4 = (32 \times 2) \times 2 = 64 \times 2 = 128$

e. $57 : 2 = (56 : 2) + 0{,}5 = (50 : 2) + (6 : 2) + 0{,}5 = 25 + 3 + 0{,}5 = 28{,}5$.

Exercice 6

19 € + 35 € + 21 € = 19 € + 21 € + 35 € = 10 + 9 + 20 + 1 + 30 + 5 = 75 €.

Exercice 7

a. 1,5 € × 4 = (1,5 × 2) × 2 = 3 × 2 = 6 €. Louise aura 6 € au bout d'un mois.
b. 6 € × 3 = 18 €. Louise aura 18 € au bout de trois mois.
c. 6 € × 12 = (6 € × 3) × 4 = 18 € × 4 = 72 €. Louise aura 72 € au bout d'une année.

Exercice 8

11,50 + 5,35 + 3,50 = (11,50 + 3,50) + 5,35 = 15 + 5 + 0,35 = 20,35 €.

Partie 2

Gestion de données

Teste tes connaissances

Coche, pour chaque exercice, la (ou les) bonne(s) réponse(s).
Reporte-toi ensuite aux corrigés en bas de page.

Leçon 12 page 81

1 D'après ce tableau de proportionnalité :

nombre de cahiers	1	2	5	10
prix en €	1,5	3	7,5	15

a. 4 cahiers coûtent 6 €. ☐
b. 3 cahiers coûtent 2 €. ☐
c. 6 cahiers coûtent 9 €. ☐

2 Le coefficient de proportionnalité du tableau de l'exercice 1 est égal à :

a. 2 : 3. ☐
b. 3 : 2. ☐
c. 1,5. ☐

Leçon 13 page 87

3 25 % de 150 est égal à :

a. $150 \times \frac{25}{100}$. ☐
b. $150 \times 0{,}25$. ☐
c. $(150 \times 100) : 25$. ☐

4 À l'échelle 1/500 000 sur le dessin :

a. 1 cm représente 500 000 cm dans la réalité. ☐
b. 1 cm représente 5 km dans la réalité. ☐
c. 2 cm représente 10 km dans la réalité. ☐

Leçon 14 page 93

5 Pour représenter ma taille (en cm), à chacun de mes anniversaires, je peux utiliser :

a. un tableau. ☐
b. un graphique. ☐
c. un diagramme en bâtons. ☐

6 Le diagramme ci-contre représente les élections des délégués de la classe de 6ᵉB.

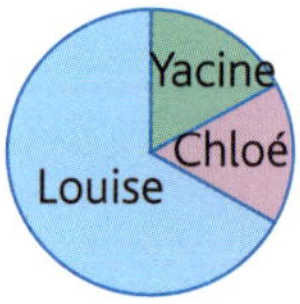

a. C'est un diagramme circulaire. ☐
b. C'est un diagramme en barres. ☐
c. C'est Louise qui a été élue. ☐

Corrigés

1. a ; c – 2. b ; c – 3. a ; b – 4. a ; b ; c – 5. a ; b ; c – 6. a ; c

Grandeurs proportionnelles

Notes

Je retiens le cours

▶ **Un tableau est dit tableau de proportionnalité** lorsqu'on passe des nombres de la première ligne à ceux de la seconde en les multipliant par un même nombre dans chaque colonne.

▶ Le **coefficient de proportionnalité*** est l'opérateur qui permet de passer des nombres de la première ligne à ceux de la seconde.

Ex. : **Chez le fleuriste, une rose rouge coûte 0,65 €. Pour calculer rapidement le prix d'un bouquet, le fleuriste a écrit le tableau suivant :**

nombre de roses	1	2	3	4	5
prix (en €)	0,65	1,30	1,95	2,60	3,25

(×0,65)

Il dit que le prix du bouquet est proportionnel* au nombre de roses achetées car, pour trouver ce prix, il a multiplié le nombre de roses par un même nombre (0,65) dans chaque colonne :
$2 \times 0,65 = 1,3$; ... ; $4 \times 0,65 = 2,6$; ...

→ C'est un tableau de proportionnalité. Le nombre 0,65 est le coefficient de proportionnalité.

Le fleuriste vend également des bouquets composés, dont les prix sont les suivants :

nombre de fleurs	5	8	10	25
prix (en €)	1,50	1,80	2,00	2,50

On remarque que : $5 \times 0,3 = 1,5$; $10 \times 0,2 = 2$ et $25 \times 0,1 = 2,5$.
Le prix du bouquet n'est pas proportionnel au nombre de fleurs, car on multiplie par un opérateur différent dans chaque colonne.

▶ **Pour reconnaître un tableau de proportionnalité,** il faut chercher si un opérateur permet de passer des nombres de la première ligne à ceux de la seconde.

Notes

Je comprends comment faire

Trouver le coefficient de proportionnalité dans un tableau

Pour trouver le coefficient de proportionnalité*, on divise un nombre de la seconde ligne par le nombre de la première ligne correspondant dans la même colonne.

Ex. : **3 × … = 1,2 → 1,2 : 3 = 0,4 ;**

6 × … = 2,4 → 2,4 : 6 = 0,4…

(× 0,4)				
nombre de croissants	3	6	12	20
prix (en €)	1,20	2,40	4,80	8,00

Résoudre un problème de proportionnalité

Pour résoudre un problème de proportionnalité, on peut construire un tableau à partir des données de l'énoncé.

Ex. : **Sachant que 2 gâteaux pèsent 130 g, quel est le poids de 5 gâteaux ? Pour 390 g, combien a-t-on de gâteaux ?**

130 : 2 = 65 ; 5 × 65 = 325 ; 390 : 65 = 6

(× 65 ; : 65)			
nombre de gâteaux	2	5	6
poids (en g)	130	325	390

Corrigés p. 86

Je m'entraîne

Brouillon

Exercice 1

On a placé sur ce dessin les différents points donnant le prix d'un bouquet composé exclusivement de roses en fonction du nombre de roses qu'il contient.

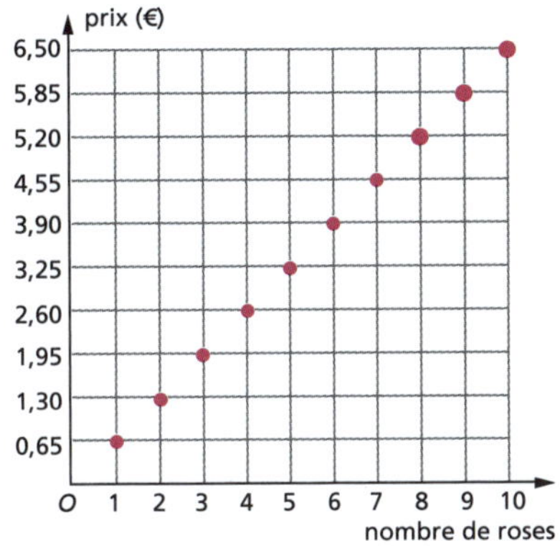

a. Si tu relies tous ces points, que constates-tu ?

....

b. Combien dépenses-tu si tu n'achètes aucune rose ? (Prolonge la ligne jusqu'au point *O* qui correspond à « 0 rose coûte 0 € ».)

....

Exercice 2

Adeline vend des bouquets, dont les prix sont les suivants :

Nombre de fleurs	5	8	10	25
Prix (en €)	1,5	1,8	2	2,5

Représente le tableau d'Adeline en utilisant ces deux axes :

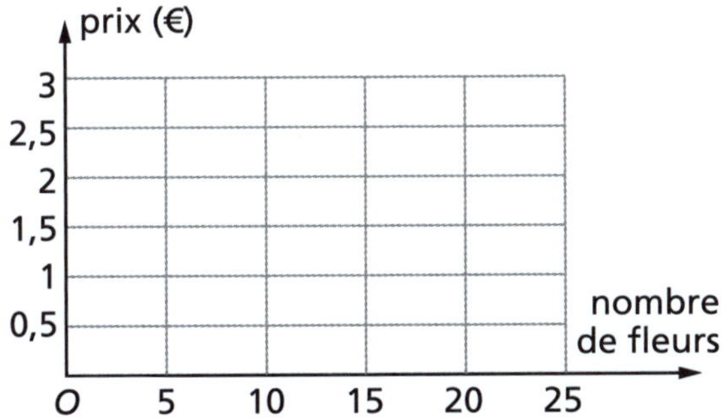

a. Relie les points obtenus. Peux-tu prolonger ton dessin obtenu jusqu'au point *O* ?

....

b. Sur ce graphique, les points sont-ils alignés ?

....

Exercice 3

Les tableaux suivants correspondent-ils à des grandeurs proportionnelles* ?

Si oui, donne leur coefficient de proportionnalité*.

a.

nombre de pains	2	4	16	20	1	3
prix (en €)	6	12	48	60	3	9

....

b.

âge	1	2	3	4	6	13
poids (en kg)	10	12	14	16	20	40

....

c.

poids (en kg)	8	10	4	11	1
prix (en €)	1,68	2,10	0,84	2,31	0,21

....

Brouillon

Exercice 4

À l'aide des 2 graphiques des exercices 1 et 2 précédents, complète cette règle avec les mots suivants :

droite, proportionnelles*, l'origine *O*, graphique.

« Lorsque deux grandeurs sont .... ,

le .... qui les représente est une ....

.... passant par .... ».

Exercice 5

Au salon de l'auto, Sam a trouvé un tableau donnant le nombre de litres de carburant nécessaires pour parcourir 100 km, 350 km, 480 km ou 600 km sur l'autoroute, à la vitesse de 120 km/h.

distance parcourue (en km)	100	350	480	600
consommation (en litre)	9,5	33,25	45,6	57

a. **Quel est le coefficient de proportionnalité ?**

....

b. **Complète la phrase suivante.**

La consommation d'essence est .... à la distance parcourue.

c. **Quelle est la quantité d'essence nécessaire pour parcourir 1 km ? Que remarques-tu ?**

....

d. **Calcule la distance parcourue avec 47,5 litres d'essence.**

....

e. **Avec un réservoir de 60 litres, un automobiliste peut-il parcourir 630 km ?**

....

....

Brouillon

Corrigés des exercices

Exercice 1

a. En reliant tous les points, je constate qu'ils sont alignés.
b. Si je n'achète aucune rose, je dépense 0 €.

Exercice 2

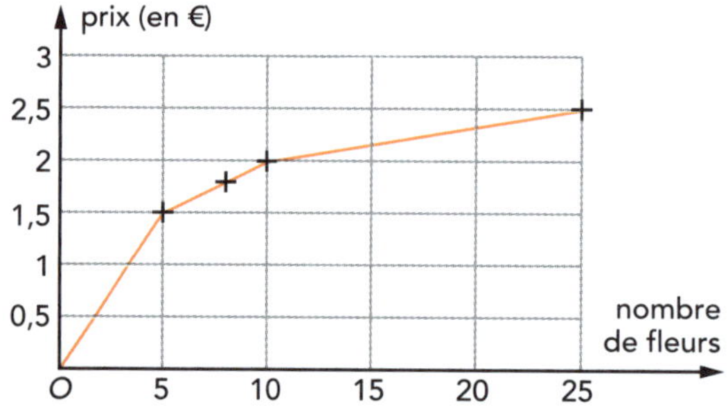

a. Je peux prolonger mon dessin jusqu'au point *O*, car 0 fleur coûte 0 €.
b. Les points ne sont pas alignés.

Exercice 3

a. Oui. Coefficient de proportionnalité : 3.
b. Non.
c. Oui : 0,21.

Exercice 4

Lorsque deux grandeurs sont **proportionnelles**, le **graphique** qui les représente est une **droite** passant par **l'origine *O***.

Exercice 5

a. 0,095.
b. proportionnelle.
c.

distance (km)	1
consommation (L)	?

: 0,095 ; × 0,095

Pour parcourir 1 km, il faut $1 \times 0,095 = 0,095$ L d'essence. Je remarque que c'est le coefficient de proportionnalité.
d. $47,5 : 0,095 = 500$.
Avec 47,5 L d'essence, on parcourt 500 km.
e. $630 \times 0,095 = 59,85$.
Il faut 59,85 L d'essence pour parcourir 630 km.
Avec un réservoir de 60 L, un automobiliste peut donc parcourir 630 km.

Proportionnalité, pourcentages, échelles

Je retiens le cours

1 Tableaux de proportionnalité

Dans un tableau de proportionnalité, pour trouver un nombre manquant :
- on peut additionner 2 colonnes ;
- on peut multiplier les 2 lignes d'une colonne par un même nombre ;
- on peut utiliser les produits en croix.

Ex. :

(+ sur les deux lignes)

3	5	8
1,95	3,25	?

Pour trouver le prix de 8 roses, le fleuriste peut ajouter les prix de 3 roses et de 5 roses :
1,95 + 3,25 = 5,20 €.

(×2 sur les deux lignes)

4	8
2,60	?

Pour trouver le prix de 8 roses, le fleuriste peut multiplier par 2 le prix de 4 roses :
2,60 × 2 = 5,20 €.

7	8
4,55	?

Pour trouver le prix de 8 roses, le fleuriste peut chercher le prix d'une rose (4,55 : 7) et multiplier ensuite par le nombre de roses (8). Dans la pratique, on calcule le produit en croix :
(4,55 × 8) : 7 = 5,20 €.

2 Pourcentages

Un pourcentage* est une **fraction dont le dénominateur* est 100**.

Ex. : **« Une compote contient 15 % de sucre » signifie que dans 100 g de compote, il y a 15 g de sucre : 15 % = $\frac{15}{100}$.**

3 Échelles

« Un modèle est représenté à **l'échelle 1/250** » signifie que 1 cm sur le dessin représente 250 cm sur le modèle.

longueur du modèle en cm

× 250 ↑ ↓ × $\frac{1}{250}$

longueur sur le dessin en cm

Notes

Notes

Je comprends comment faire

Calculer le pourcentage d'un nombre

Pour calculer les 36 % d'un nombre, il faut multiplier ce nombre par la fraction* $\frac{36}{100}$.

Ex. : **« 36 % des 750 élèves du collège restent à l'étude » signifie que 270 élèves du collège restent à l'étude :**

$$750 \times 36\ \% = 750 \times \frac{36}{100} = (750 \times 36) : 100 = 270.$$

Il faut faire attention au vocabulaire ! *Rabais, ristourne, réduction, remise, soldes* signifient qu'il faudra *soustraire* pour trouver le nouveau prix. De même, *augmentation* signifie qu'il faudra *ajouter*.

Ex. : **10 % de rabais sur 20 €**

$\rightarrow$ **rabais =** $20 \times \frac{10}{100} = 2$ **€**

$\rightarrow$ **nouveau prix =** $20 - 2 = 18$ **€.**

Corrigés p. 92

Je m'entraîne

Brouillon

Exercice 1

a. Calcule successivement 50 %, 25 %, 20 % et 10 % de 42 km.

b. Complète les phrases suivantes.

Calculer 50 % d'un nombre, c'est diviser ce nombre par …………… .

Calculer 25 % d'un nombre, c'est le diviser par …………… .

Calculer 20 %, c'est le diviser par …………… .

Calculer 10 %, c'est le diviser par …………… .

Exercice 2

20 % de soldes sur les chaussures !

Vérifie les étiquettes et corrige-les si nécessaire.

~~35 €~~	~~59,5 €~~	~~28,9 €~~	~~43,5 €~~	~~19,9 €~~	~~25 €~~
28 €	47,5 €	26,9 €	38,4 €	17,9 €	20 €
↓	↓	↓	↓	↓	↓
…………	…………	…………	…………	…………	…………

Brouillon

Exercice 3

Les prix des chocolats ont augmenté de 3 %.
Calcule le nouveau prix :

a. d'une boîte de 250 g coûtant 7 € ;

....

....

b. d'une boîte de 500 g coûtant 12 €.

....

....

Exercice 4

Sans calculer le coefficient de proportionnalité*, complète ce tableau donnant le prix des différents paquets de café en fonction de leur poids.

Masse (en g)	Prix (en €)
250	1,35
500	....
1 000	....
....	6,75

Exercice 5

Au rayon volaille du supermarché, un poulet de 1,350 kg coûte 7,20 €.

a. **Quel est le prix d'un poulet pesant 1,7 kg ?**

....

....

b. **Combien pèse un poulet coûtant 9,87 € ?**

....

Exercice 6

Une compagnie de transport aérien veut ouvrir de nouvelles lignes européennes au départ de Lyon.

a. Complète la phrase.

À l'échelle 1/25 000 000, 1 cm sur la carte représente :

.... cm en grandeurs réelles, c'est-à-dire :

.... km.

b. Quel est le coefficient de proportionnalité qui permet de passer de la longueur en cm sur la carte à la longueur réelle en km ?

....

c. Construis un tableau de proportionnalité pour calculer la distance réelle à vol d'oiseau qui sépare Lyon et Londres, et Lyon et Madrid.

....

....

Brouillon

Corrigés des exercices

Exercice 1

a. 50 % de 42 km = 21 km ;
25 % de 42 km = 10,5 km ; 20 % de 42 km = 8,4 km ;
10 % de 42 km = 4,2 km.
b. 2 ; 4 ; 5 ; 10.

Exercice 2

4 étiquettes sur 6 sont fausses :
~~47,5~~ € → 47,6 € ; ~~26,9~~ € → 23,12 € ;
~~38,4~~ € → 34,8 € ; ~~17,9~~ € → 15,92 €.

Exercice 3

ancien prix	augmentation	nouveau prix
a. 7 €	7 × 3 % = 0,21 €	7 € + 0,21 € = **7,21 €**
b. 12 €	12 × 3 % = 0,36 €	12 € + 0,36 € = **12,36 €**

Exercice 4

Masse (en g)	Prix (en €)
250	1,35
500	2,7
1 000	5,4
1 250	6,75

Exercice 5

a. Le prix du poulet est proportionnel au poids : **1,350 kg** $\underset{:\ 5{,}33}{\overset{\times\ 5{,}33}{\rightleftarrows}}$ **7,20 €**
Donc le prix d'un poulet pesant 1,7 kg est : 1,7 × 5,33 = 9,06 €.
b. Un poulet coûtant 9,87 € pèse 9,87 : 5,33 = 1,852 kg.

Exercice 6

a. 25 000 000 cm, c'est-à-dire 250 km.
b. Le coefficient de proportionnalité est 250.
c.

× 250 →

	distance (en cm) de Lyon à	distance réelle (en km) de Lyon à
Londres	3	750
Madrid	3,6	900

Les distances réelles obtenues sont approximatives, compte tenu de la précision toute relative de la carte.

Organisation de données

Je retiens le cours

Il existe plusieurs moyens de représenter l'évolution d'une grandeur par rapport à une autre (ici, le nombre total de médailles gagnées aux Jeux olympiques par une équipe nationale, suivant les années).

1 Un tableau

années	1992	1996	2000	2004	2008	2012
nombre de médailles	9	14	28	16	29	37

2 Un graphique

Chaque colonne du tableau précédent est représentée par un point. On relie ensuite les points obtenus par des segments de droite ou par une courbe.

Attention ! Sur chaque axe d'un graphique les graduations sont régulières, mais l'échelle n'est pas forcément la même sur les deux axes.

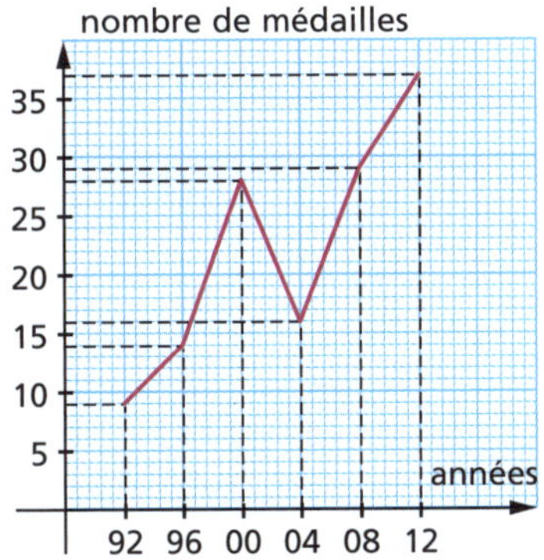

3 Un diagramme en barres ou en bâtons

Les hauteurs des rectangles (ou des bâtons) sont proportionnelles* au nombre de médailles.

Diagramme en barres ou histogramme**

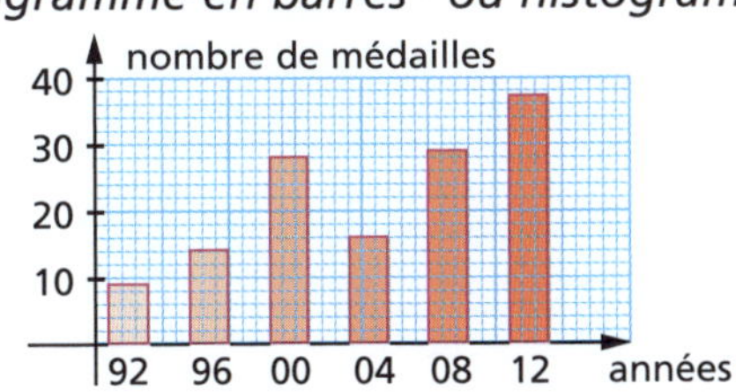

*Diagramme en bâtons**

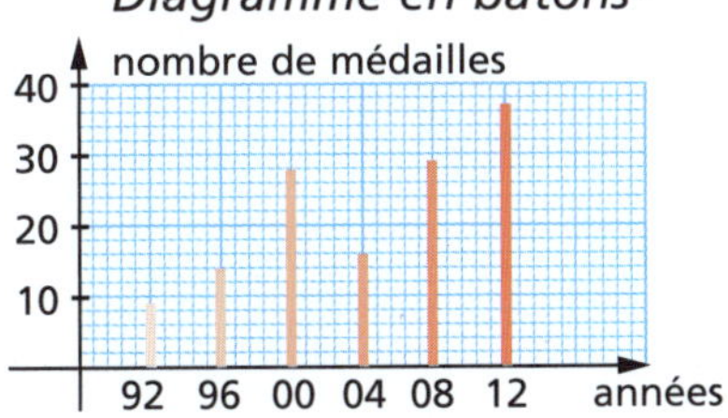

Notes

4 Un diagramme circulaire

On peut aussi représenter l'évolution du nombre de médailles gagnées dans un diagramme circulaire*. Les mesures des angles* sont proportionnelles au nombre de médailles gagnées.

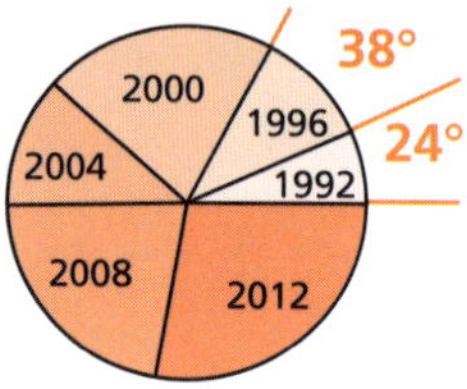

Je comprends comment faire

Construire un graphique

→ On construit un repère et on gradue les deux demi-droites du repère **en précisant l'échelle** (*axe horizontal* : 0,5 cm = 4 ans, *axe vertical* : 0,5 cm = 5 médailles).

→ Pour placer le point correspondant aux valeurs 1992/9 médailles, on trace les parallèles aux axes à partir des graduations 1992 et 9 ; et ainsi de suite.

→ On joint tous les points pour tracer le graphique.

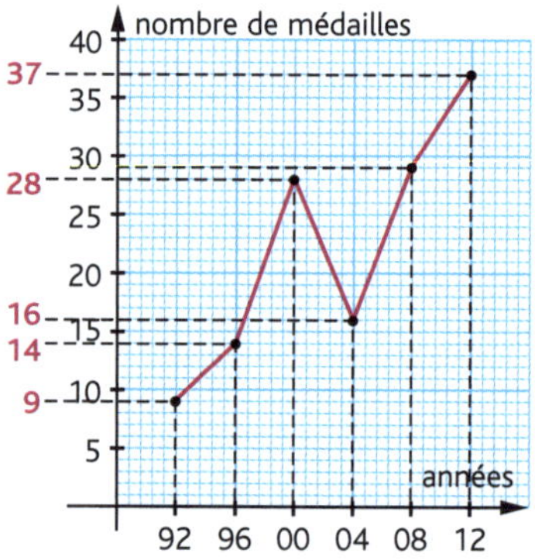

Notes

Corrigés p. 98

Je m'entraîne

Brouillon

Exercice 1

a. **À partir du tableau suivant, construis un graphique montrant la croissance d'Éva de la naissance à un an.**

âge (en mois)	0	1	2	3	4	5	6	10	12
taille (en cm)	52	55,5	58,5	61,5	64	66	67	71	73

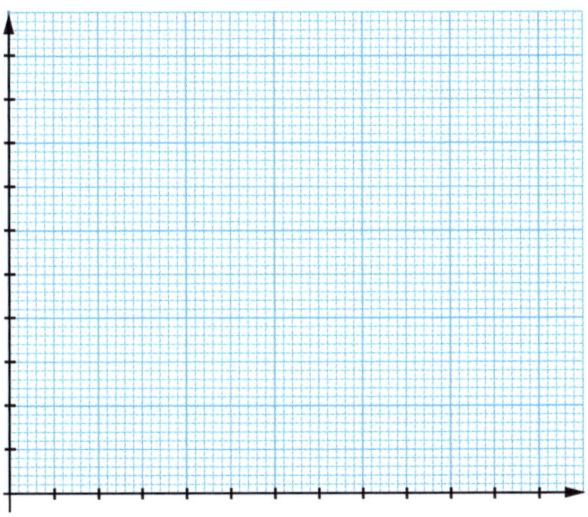

b. **Combien mesure Éva à 8 mois ?**

....

....

c. **Quel âge a-t-elle lorsqu'elle mesure 70 cm ?**

....

....

....

Exercice 2

Complète le tableau de proportionnalité suivant et construis le diagramme circulaire* correspondant.

Arbre	Érable	Tilleul	Marronnier	Platane	Total
Nombre	8 200	8 500	14 000	34 000	64 700
Angle	....	....	....	....	360°

× ....

Brouillon

Exercice 3

Complète l'histogramme* ci-après donnant le nombre de médailles d'or obtenues aux Jeux olympiques par pays.

U.S.A.	Allemagne	Russie	Chine	France
79	65	63	50	37

Italie	Canada	Espagne	Gr. Bretagne
35	22	17	15

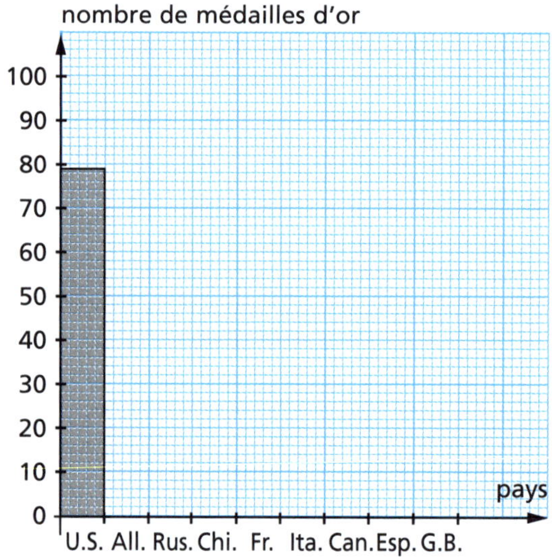

Exercice 4

a. **Construis l'histogramme des températures à La Nouvelle-Orléans.**

janvier	février	mars	avril	mai	juin
11 °C	13 °C	16 °C	20 °C	24 °C	26 °C

juillet	août	sept.	oct.	nov.	déc.
28 °C	28 °C	25 °C	21 °C	15 °C	13 °C

b. Quelle est la température moyenne ?

....

Exercice 5

a. D'après le diagramme circulaire ci-contre, qui a été élu délégué de classe ?

....

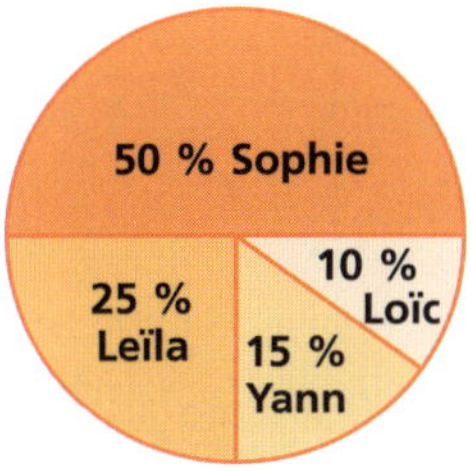

b. Avec quel pourcentage* de voix ?

....

c. Sachant qu'il y a 20 élèves dans la classe, combien ont voté pour cette personne ?

....

....

d. Combien ont voté pour chacun des autres candidats ?

....

....

....

Brouillon

Corrigés des exercices

Exercice 1

a. La taille d'Éva

b. À 8 mois, Éva mesure 69 cm.

c. Elle a 9 mois lorsqu'elle mesure 70 cm.

Exercice 2

Arbre	Érable	Tilleul	Marronnier	Platane	Total
Nombre	8 200	8 500	14 000	34 000	64 700
Angle	46°	47°	78°	189°	360°

$\times \frac{360}{64\,700}$

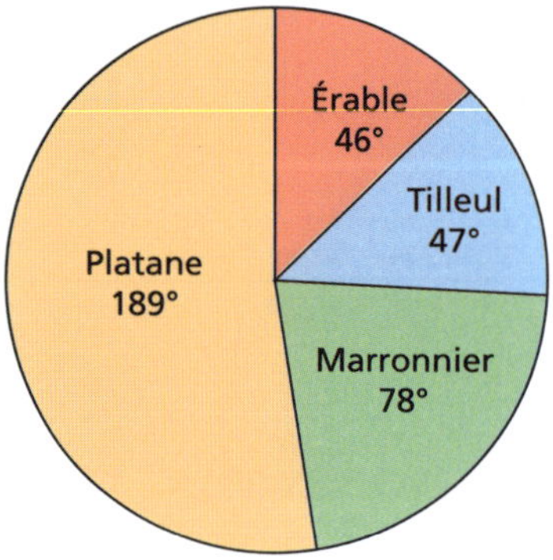

Exercice 5

a. et b. Sophie a été élue avec 50 % des voix. c. 20 × 50 % = 10, donc 10 élèves ont voté pour Sophie. d. 5 élèves ont voté pour Leïla ; 3 élèves ont voté pour Yann ; 2 élèves ont voté pour Loïc.

Exercice 3

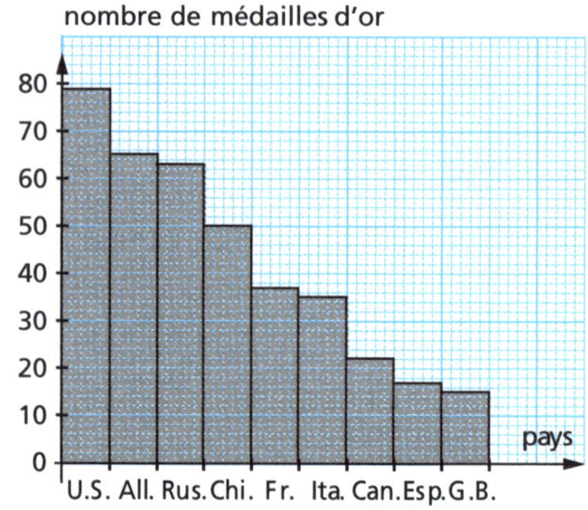

Exercice 4

a.

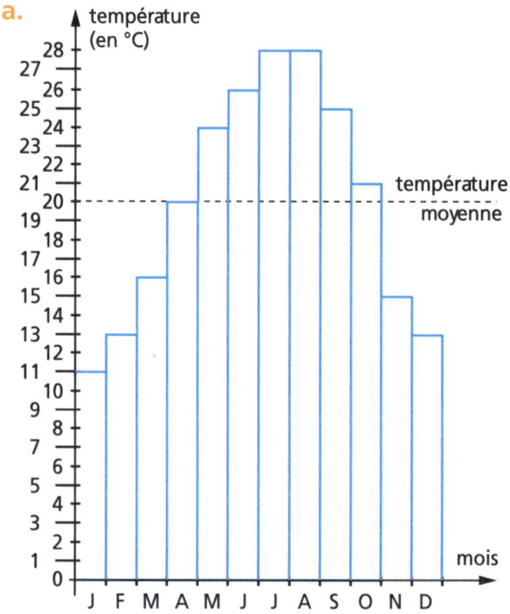

b. (11 + 13 + 16 + 20 + 24 + 26 + 28 + 28 + 25 + 21 + 15 + 13) : 12 = 20.
La température moyenne est 20 °C.

Partie 3

Géométrie

Teste tes connaissances

Coche, pour chaque exercice, la (ou les) bonne(s) réponse(s).
Reporte-toi ensuite aux corrigés p. 102.

Leçon 15 page 103

1 La droite passant par les points *A* et *B* se note :

a. *AB*. ☐
b. [*AB*]. ☐
c. (*AB*). ☐

2 Le segment d'extrémités *A* et *B* se note :

a. *AB*. ☐
b. [*AB*]. ☐
c. (*AB*). ☐

Leçon 16 page 109

3 Les droites (d_1) et (d_2) sont :

a. parallèles. ☐
b. perpendiculaires. ☐
c. sécantes. ☐

4 Les droites (d_3) et (d_2) sont :

a. parallèles. ☐
b. perpendiculaires. ☐
c. sécantes. ☐

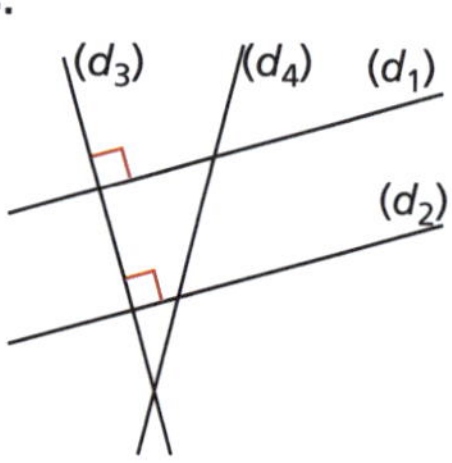

Leçon 17 page 115

5 Dans un cercle de rayon 10 cm, le diamètre mesure :

a. la moitié du rayon (10 cm : 2). ☐
b. le double du rayon (10 cm × 2). ☐
c. 20 cm. ☐

6 La longueur d'un cercle de rayon 10 cm est égale à :

a. 10×2. ☐
b. $10 \times 2 \times \pi$. ☐
c. $10 : 2 \times \pi$. ☐

Leçon 18 page 121

7 L'angle $\widehat{xOy}$:

a. est un angle aigu. ☐
b. est un angle plat. ☐
c. mesure 90°. ☐

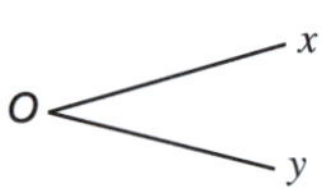

8 L'angle $\widehat{xOy}$:

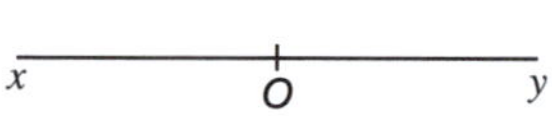

a. est un angle obtus. ☐
b. est un angle plat. ☐
c. mesure 180°. ☐

Leçon 19 page 127

9 Le triangle *ADC* est :

a. équilatéral. ☐
b. rectangle. ☐
c. isocèle. ☐

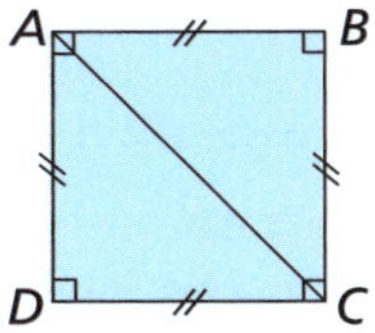

10 Le triangle *MER* est un triangle isocèle :

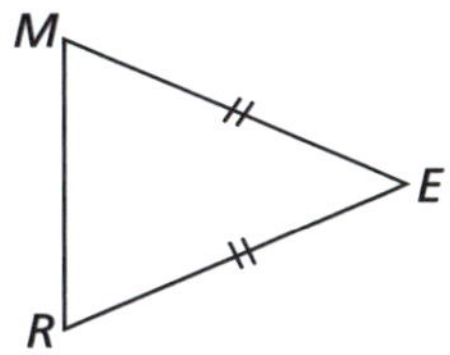

a. de sommet principal *M* et de base [*ER*]. ☐
b. de sommet principal *E* et de base [*MR*]. ☐
c. de sommet principal *R* et de base [*ME*]. ☐

Leçon 20 page 133

11 Les nombres symétriques par rapport à (*d*) sont :

a. 2 et 5. ☐
b. 80 et 80. ☐
c. 25 et 25. ☐

12 Deux figures symétriques par rapport à une même droite :

a. ont le même périmètre. ☐
b. ont la même aire. ☐
c. n'ont pas toujours la même forme. ☐

Leçon 21 page 139

13 Sur ce dessin :

a. (*d*) est la médiatrice du segment [*AB*]. ☐
b. (*d*) est l'axe de symétrie de [*AB*]. ☐
c. *MA* = *MB*. ☐

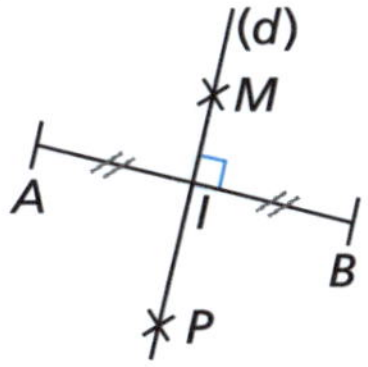

14 Sur le dessin de l'exercice 13 :

a. (*d*) ⊥ (*AB*). ☐
b. *I* est le milieu de [*AB*]. ☐
c. (*AB*) est la médiatrice de [*MP*]. ☐

Leçon 22 page 145

15 Un triangle équilatéral a :

a. 3 côtés de même longueur. ☐
b. 3 angles mesurant chacun 60°. ☐
c. 3 axes de symétrie. ☐

16 Dans un rectangle, les diagonales :

a. se coupent en leur milieu. ☐
b. sont de même longueur. ☐
c. sont perpendiculaires. ☐

Leçon 23 page 151

17 Un rectangle a :

a. ses côtés opposés parallèles. ☐
b. ses côtés opposés perpendiculaires. ☐
c. ses côtés opposés de même longueur. ☐

18 Un carré a :

a. ses côtés consécutifs parallèles. ☐
b. ses côtés consécutifs perpendiculaires. ☐
c. ses côtés consécutifs de même longueur. ☐

Leçon 24 page 157

19 Un parallélépipède rectangle a :

a. 6 faces carrées. ☐
b. 6 faces rectangulaires. ☐
c. 12 sommets. ☐

20 Un cube a :

a. 6 faces carrées. ☐
b. 8 sommets. ☐
c. 12 arêtes de même longueur. ☐

Leçon 25 page 163

21 Un cylindre de révolution a :

a. un disque de base. ☐
b. deux disques de même rayon appelés bases. ☐
c. un sommet. ☐

22 Un cône de révolution :

a. un disque de base. ☐
b. deux disques de même rayon appelés bases. ☐
c. un sommet. ☐

Corrigés

1. c - 2. b - 3. a - 4. b ; c - 5. b ; c - 6. b - 7. a - 8. b ; c - 9. b ; c - 10. b - 11. a ; c - 12. a ; b - 13. a ; b ; c - 14. a ; b - 15. a ; b ; c - 16. a ; b - 17. a ; c - 18. b ; c - 19. b - 20. a ; b ; c - 21. b ; 22. a ; c

La droite et le segment

Je retiens le cours

Géométrie

Notes

1 Une droite

▶ La figure ci-contre représente une droite.

Cette droite passe par les points *A* et *B*.

On la note (*d*) ou (*AB*) ou (*BA*).

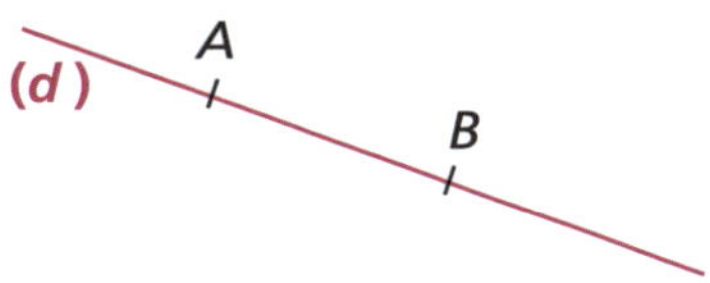

▶ Une droite est illimitée (on peut toujours la prolonger).

▶ Les points *R*, *S* et *T* sont situés sur la même droite : ils sont alignés.

▶ (…) est le symbole d'une droite : le tracé dépasse les points entre parenthèses.

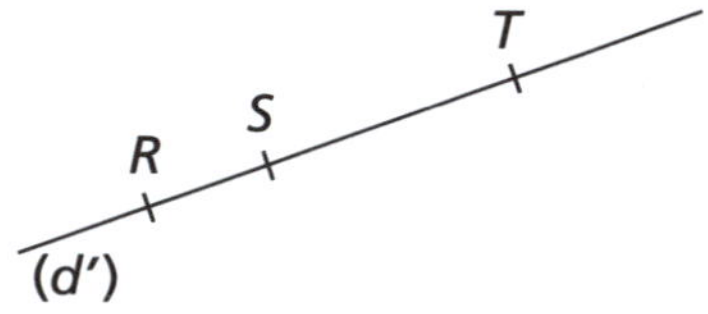

2 Une demi-droite

▶ La figure ci-contre représente une demi-droite. Cette demi-droite a pour **origine le point *A*** et passe par le point B. On la note [*AB*).

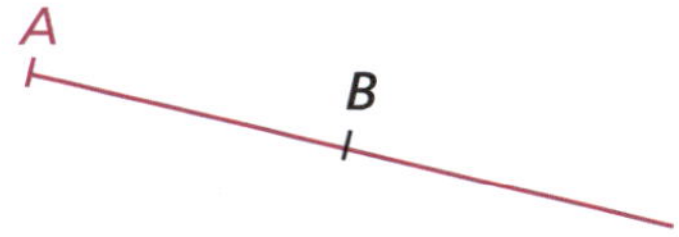

▶ On ne peut pas prolonger une demi-droite au-delà de son origine.

▶ […) est le symbole d'une demi-droite : son origine est donnée par le crochet.

3 Un segment

▶ La figure ci-contre représente un segment*.

Les points *A* et *B* sont les extrémités de ce segment. On note ce segment [*AB*].

▶ Un segment est limité par ses extrémités.

La distance* entre les points A et B est la longueur du segment [AB], qui se note AB.

▶ [...] est le symbole d'un segment : le tracé s'arrête aux points entre crochets.

▶ Le milieu* I du segment [AB] est le seul point de ce segment tel que :

$$IA = IB = \frac{AB}{2}.$$

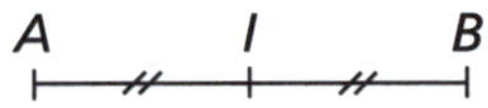

$AI = IB = 1{,}4$ cm

Je comprends comment faire

▶ Coder une figure

Pour coder une figure, on écrit des **lettres majuscules** pour désigner des **points** et on marque les segments* **de même longueur** par un **même signe**.

▶ Reporter une longueur avec un compas, sans la mesurer

On place le compas, pointe et crayon sur chaque extrémité du segment à reporter, et, **sans changer l'écartement**, on place ensuite la pointe du compas sur le point O.

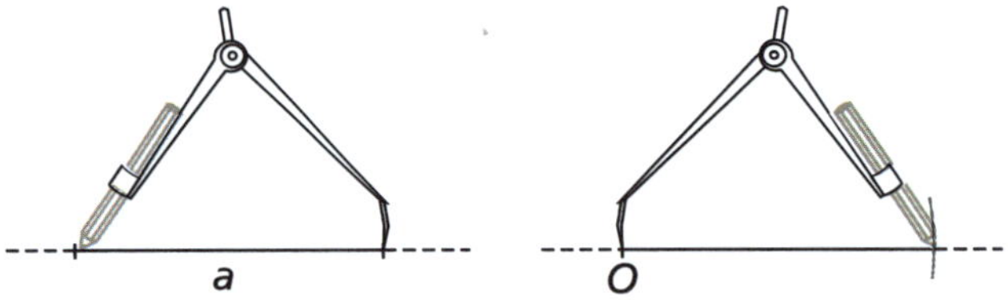

Je m'entraîne

Corrigés p. 108

Brouillon

Exercice 1

a. Ci-dessous, trace en rouge [*FG*], en bleu [*EF*], en vert (*OE*) et en noir (*OF*).

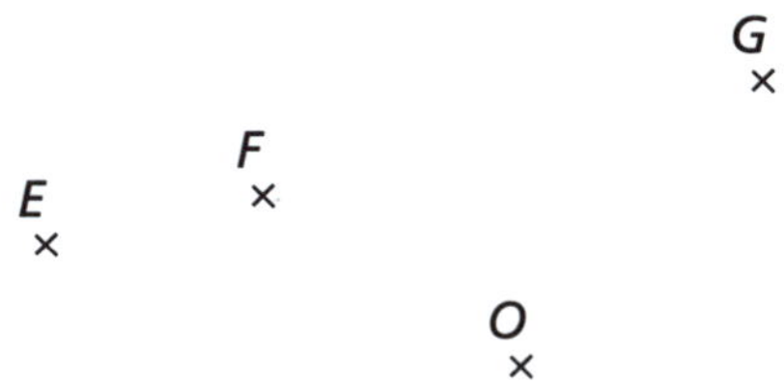

b. Quelle autre droite passant par *O* aurais-tu pu tracer ?

....

c. Nomme de trois façons différentes la droite qui passe par les points *E*, *F* et *G*.

....

....

d. Complète avec les symboles ∈ ou ∉ :

O .... [*EF*] ; *F* .... [*EG*] ; *O* .... (*OG*) ;

E .... (*FG*) ; *E* .... [*FG*].

Exercice 2

a. Observe bien la figure.
Entoure les écritures ci-après qui sont fausses, puis corrige-les.

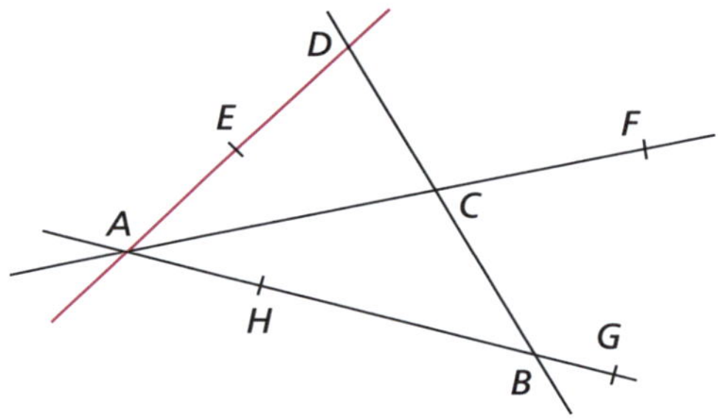

$D \in [AE]$	$D \in (DC)$	$C \in [BD]$
$A \in (BG)$	$A \in [HB]$	$H \in [AB]$
$G \notin (DC)$	$G \notin (AB)$	$F \notin (AC)$
$H \notin [BG]$	$E \in [AD]$	$C \in [AF]$

....

....

....

b. Nomme trois séries de points alignés.

....

Exercice 3

Trace un segment* [*BR*] mesurant 2 cm.
Construis le point *A*, tel que *R* soit le milieu* de [*BA*].
Construis le point *O*, tel que *A* soit le milieu de [*BO*].
Place le point *V* milieu de [*AO*].

Quel message lis-tu sur ce dessin ? ....

Brouill

Brouillon

Exercice 4

a. Sur le papier millimétré ci-dessous, trace un segment [*MN*] mesurant 2,4 cm.

b. Place le point *I* milieu de [*MN*], puis construis le point *E* tel que *N* soit le milieu du segment [*ME*].

c. Calcule la longueur *IE*.

....

....

....

Exercice 5

À partir de trois points *A*, *B*, *C* non alignés, on a construit les trois figures suivantes.

En utilisant correctement les mots droite et segment, écris le programme de construction correspondant à chacune d'elles.

a.

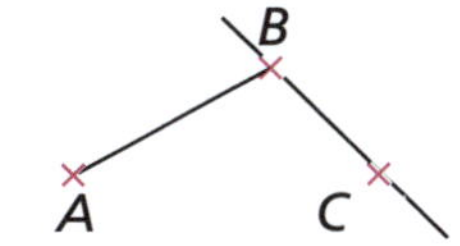

....

b.

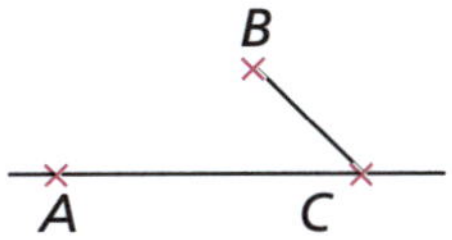

....

c.

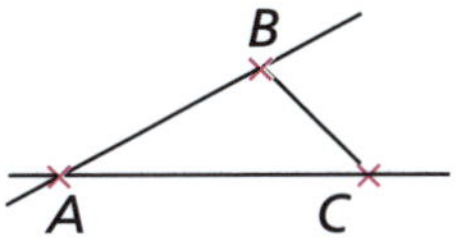

....

Corrigés des exercices

Exercice 1

a.

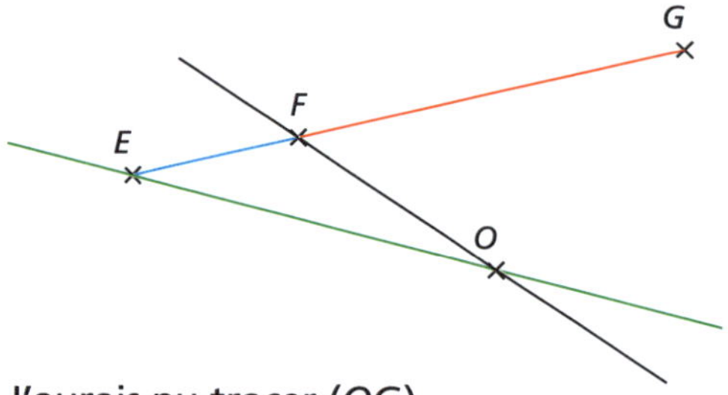

b. J'aurais pu tracer (OG).

c. La droite qui passe par les points E, F, G s'appelle la droite (EF), ou la droite (FG), ou la droite (EG).

d. $O \notin [EF]$; $F \in [EG]$; $O \in (OG)$;
$E \in (FG)$; $E \notin [FG]$.

Exercice 2

a. Il y a 4 erreurs : $D \in [AE]$: faux $\rightarrow D \in (AE)$. $D \in (DC)$: vrai. $C \in [BD]$: vrai.
$A \in (BG)$: vrai. $A \in [HB]$: faux $\rightarrow A \in (HB)$. $H \in [AB]$: vrai. $G \notin (DC)$: vrai.
$G \notin (AB)$: faux $\rightarrow G \in (AB)$. $F \notin (AC)$: faux $\rightarrow F \in (AC)$.
$H \notin [BG]$: vrai. $E \in [AD]$: vrai. $C \in [AF]$: vrai.

b. Les points A, E, D sont alignés. Les points A, C, F sont alignés. Les points A, H, B et G sont alignés.

Exercice 3

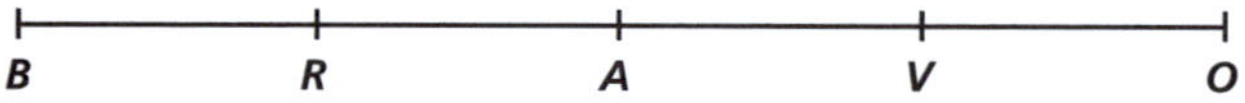

Bravo.

Exercice 4

a. et b.

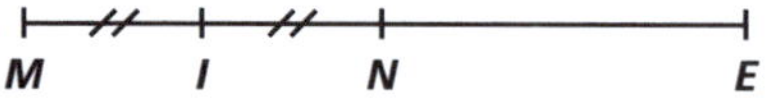

c. $MN = 2{,}4$ cm. $IM = IN = 2{,}4 : 2 = 1{,}2$ cm. $MN = NE = 2{,}4$ cm.
Donc $IE = 1{,}2 + 2{,}4 = 3{,}6$ cm.

Exercice 5

a. Tracer la droite (BC) et le segment $[AB]$.

b. Tracer la droite (AC) et le segment $[BC]$.

c. Tracer les droites (AB) et (AC), et le segment $[BC]$.

Position de deux droites

Je retiens le cours

1 Droites sécantes

▶ **Deux droites sont sécantes*** lorsqu'elles ont un point commun.

▶ Les droites (d) et (e) se coupent en A : le point A est leur **point d'intersection***.

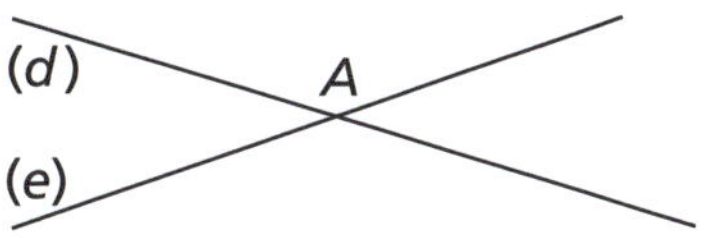

2 Droites perpendiculaires

▶ **Deux droites sont perpendiculaires*** lorsqu'elles se coupent en formant un **angle droit***.

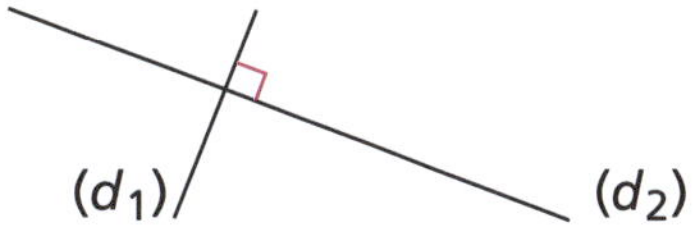

▶ $(d_1) \perp (d_2)$ se lit : « la droite d_1 est perpendiculaire à la droite d_2 ».

▶ Si deux droites (d_1) et (d_2) sont perpendiculaires à une même droite (d), alors elles sont parallèles* entre elles :

si $(d_1) \perp (d)$ et $(d_2) \perp (d)$ alors $(d_1) /\!/ (d_2)$.

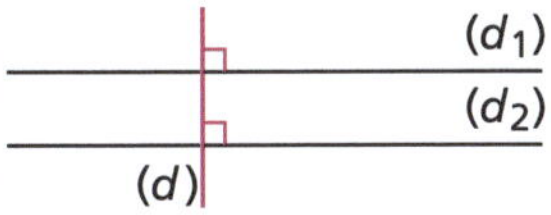

3 Droites parallèles

▶ **Deux droites sont parallèles** lorsqu'elles n'ont **aucun point commun**.

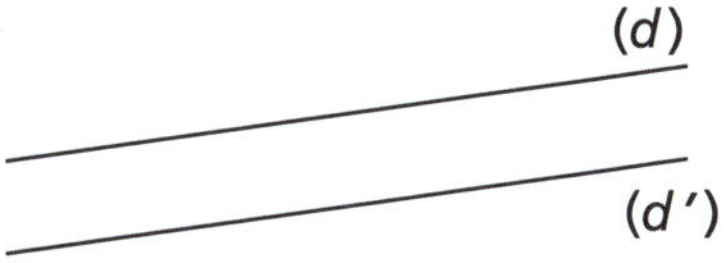

▶ L'écriture symbolique $(d) /\!/ (d')$ (d' se lit « d prime ») se lit : « la droite d est parallèle à la droite d' ».

▶ Si deux droites (d_1) et (d_2) sont parallèles, alors toute droite (d) perpendiculaire* à l'une est perpendiculaire à l'autre :

si $(d_1) /\!/ (d_2)$ et $(d) \perp (d_1)$ alors $(d) \perp (d_2)$.

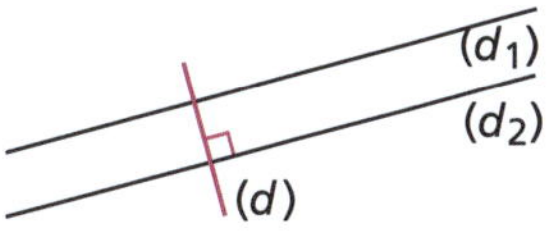

Notes

Je comprends comment faire

Construire une droite (d_1) perpendiculaire à une droite (d) et passant par un point A

On place un côté de l'angle droit* de l'équerre sur la droite (d), l'autre côté passant par le point A (*fig.* 1). On trace la demi-droite perpendiculaire* à la droite (d) (*fig.* 2). On prolonge le tracé avec la règle, et on code la figure (*fig.* 3).

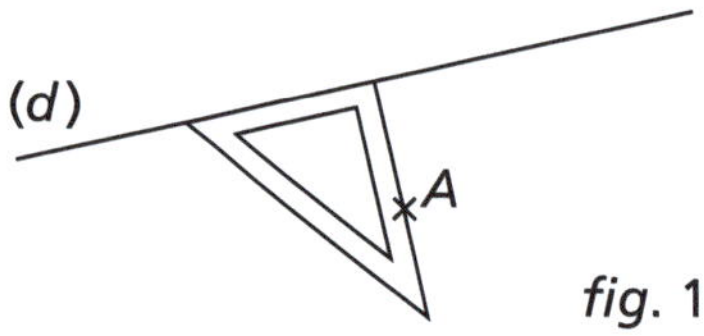

fig. 1

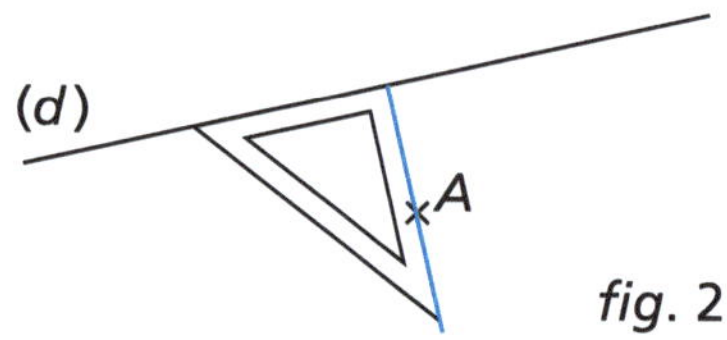

fig. 2

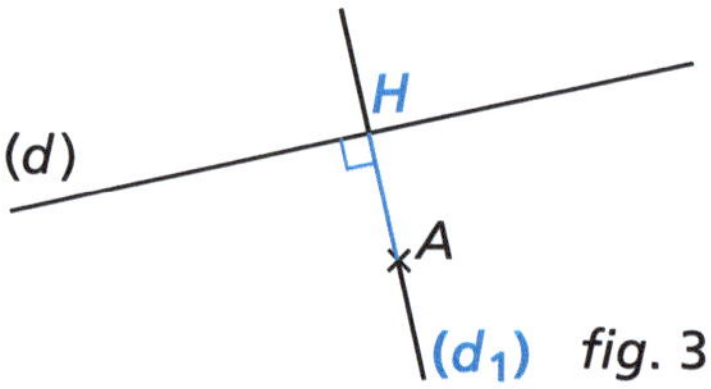

fig. 3

La distance du point A à la droite (d) est la longueur AH.

Construire une droite (d') parallèle à une droite (d) et passant par un point A

On place l'équerre comme si on voulait tracer la perpendiculaire à (d), en A. On cale l'équerre avec la règle (*fig.* 1). Sans bouger la règle, on déplace l'équerre en A (*fig.* 2).

On trace la demi-droite parallèle* à la droite (d), et on la prolonge avec la règle (*fig.* 3).

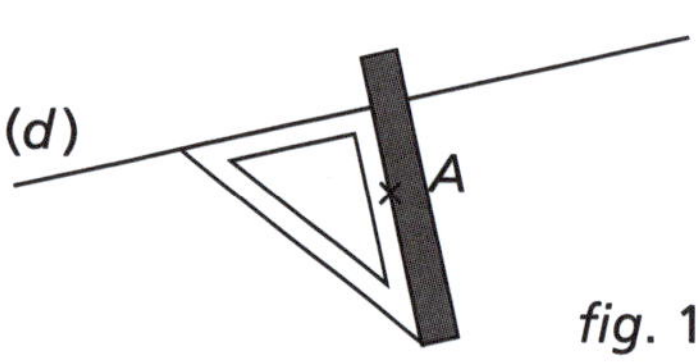

fig. 1

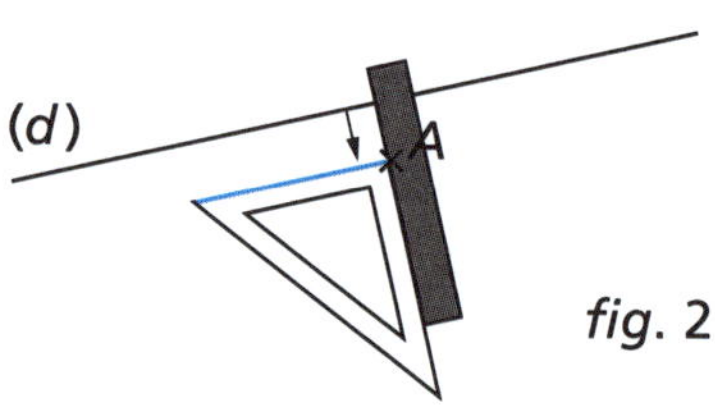

fig. 2

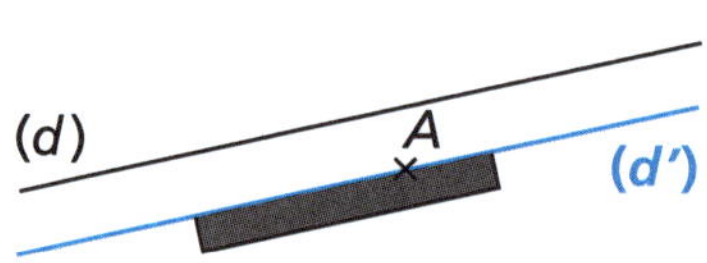

fig. 3

Corrigés p. 114

Brouillon

Je m'entraîne

Exercice 1

a. **Ci-dessous, trace, par le point *H*, la perpendiculaire à la droite (*d*) en bleu.**

b. **Trace en rouge la perpendiculaire à la droite (*d*) passant par *M*, et en vert la parallèle à la droite (*d*) passant par *M*.**

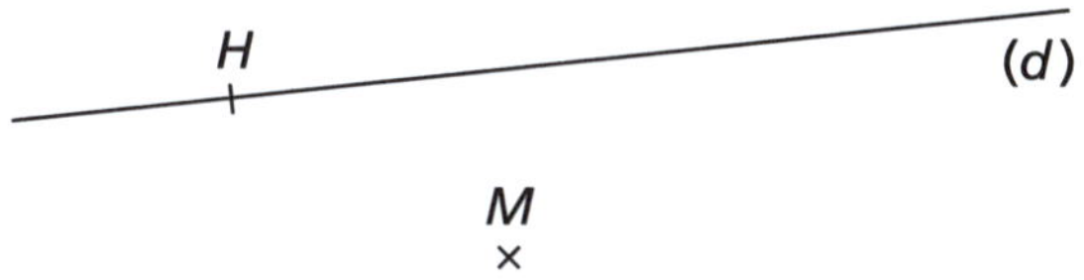

Exercice 2

a. Sur la figure ci-dessous, les droites (*d*) et (*d'*) se coupent en *A*.
Les droites (*d'*) et (*d''*) se coupent en *B*.
Place les points *A* et *B*.

b. Les droites (*d*) et (*d''*) sont sécantes* en *C*.
Construis le point *C*.

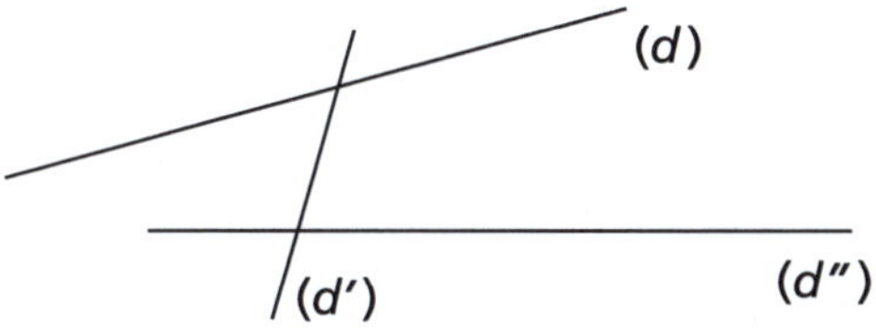

Exercice 3

En observant les figures ci-dessous, complète le texte à trous suivant.

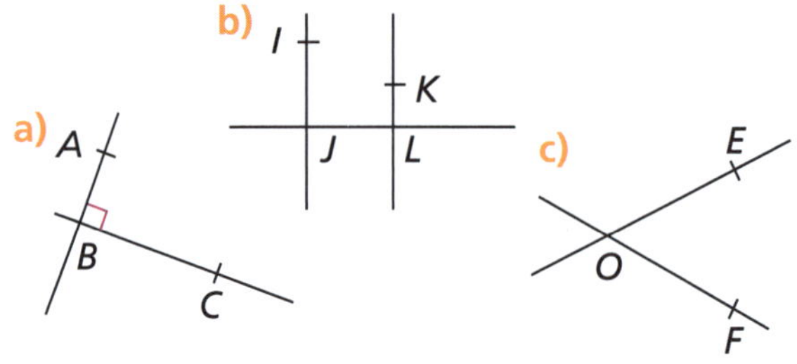

a. La droite (*AB*) est la .... à la droite (*BC*) passant par le point ....

b. La droite (*IJ*) est la .... à la droite (*KL*) passant par le point ....

c. Les droites (*OE*) et (*OF*) sont .... Le point *O* est leur .... d'.. .

Exercice 4

Place les points *I*, *J* et *K*, respectivement milieux* des côtés [*AB*], [*AC*] et [*BC*] d'un triangle équilatéral* *ABC*. Trace (*IJ*), (*IK*) et (*JK*). Nomme les droites parallèles*.

....

....

Brouillon

Brouillon

Exercice 5

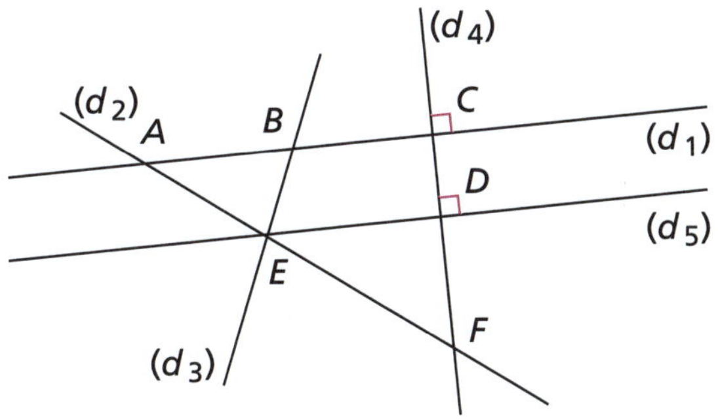

a. **Dans chacune des cases du tableau, nomme le point d'intersection* des droites données.**

	(d_1)	(d_2)	(d_3)	(d_4)	(d_5)
(d_1)					
(d_2)					
(d_3)					
(d_4)					
(d_5)					

b. **Comment sont les droites (d_1) et (d_5) ? Explique pourquoi.**

....

Exercice 6

a. **Trace deux droites (d_1) et (d_2) sécantes en *O*. Place le point *O*.**

b. **Place un point *I*, non situé sur (d_1) et (d_2).**

c. **Par le point *I*, trace la droite (d_3) perpendiculaire à la droite (d_1), puis la droite (d_4) perpendiculaire à la droite (d_2).**

d. **Construis la droite (d_5) passant par *I* et parallèle à (d_1).**

e. **Comment sont les droites (d_3) et (d_5) ? Explique pourquoi.**

Corrigés des exercices

Exercice 1

a. et b.

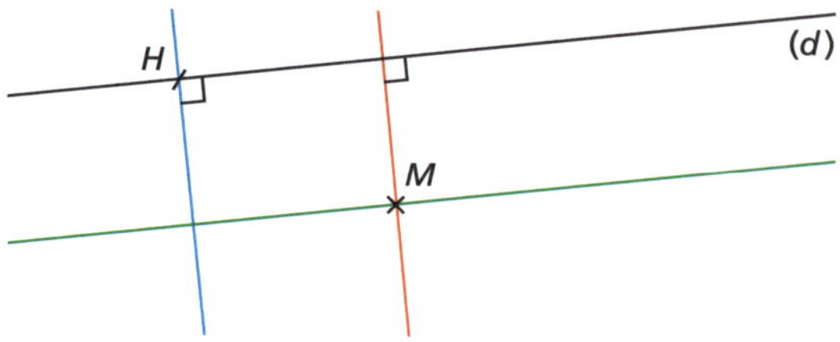

Exercice 2

a. et b.

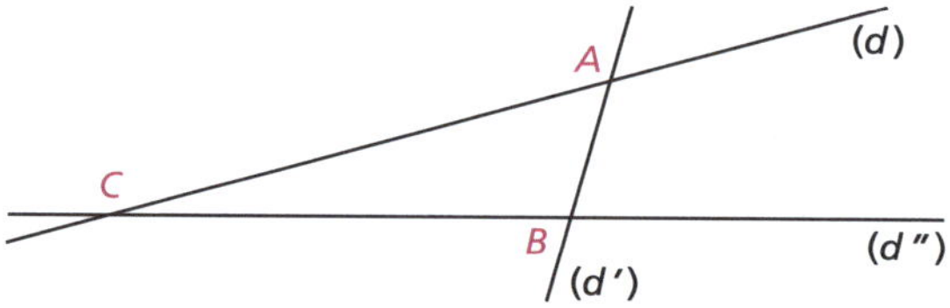

Exercice 3

a. perpendiculaire / *A*.
b. parallèle / *I*.
c. sécantes / point / intersection.

Exercice 4

(*AB*) // (*KJ*) ; (*BC*) // (*IJ*) ; (*AC*) // (*IK*).

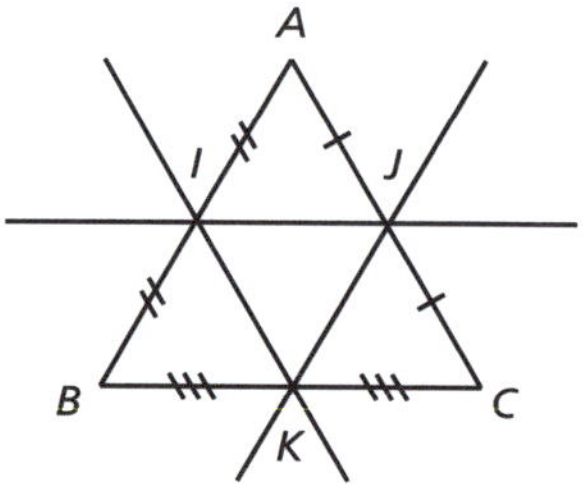

Exercice 5

a.

	(d_1)	(d_2)	(d_3)	(d_4)	(d_5)
(d_1)	X	*A*	*B*	*C*	X
(d_2)	*A*	X	*E*	*F*	*E*
(d_3)	*B*	*E*	X	X	*E*
(d_4)	*C*	*F*	X	X	*D*
(d_5)	X	*E*	*E*	*D*	X

b. Les droites (d_1) et (d_5) sont parallèles, parce qu'elles sont toutes deux perpendiculaires à la même droite (d_4).

Exercice 6

a. b. c. et d.

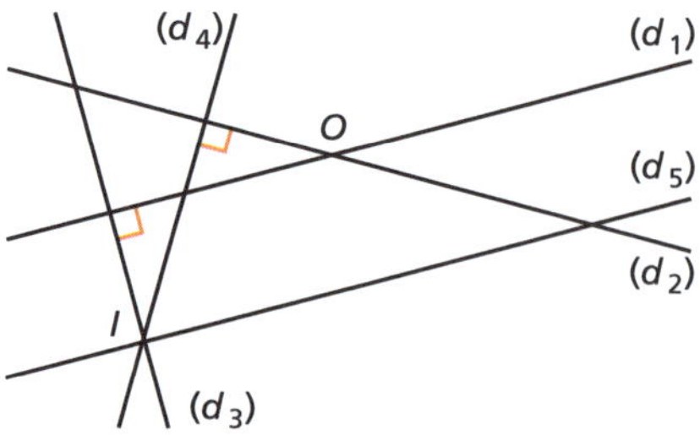

e. Les droites (d_3) et (d_5) sont perpendiculaires : lorsque deux droites (d_1) et (d_5) sont parallèles, alors toute droite (d_3) perpendiculaire à la droite (d_1) est aussi perpendiculaire à la droite (d_5).

Le cercle

Je retiens le cours

Notes

1 Définitions

▸ Un cercle* est une ligne courbe fermée, formée de tous les points situés à une même distance* d'un point appelé centre.

▸ L'intérieur du cercle s'appelle un disque*.

▸ Dans la figure ci-dessous, le point *O* est le **centre du cercle**.

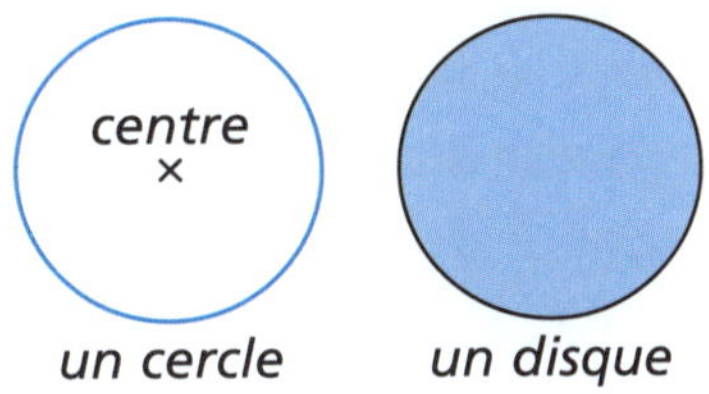

2 Vocabulaire

▸ Dans la figure ci-contre, les segments* [*OA*], [*OB*], [*OC*], joignant un point du cercle au centre, sont des rayons*.

Ex. : **Si *C* est un point du cercle de centre *O* et de rayon 3 cm, alors *OC* = 3 cm.**

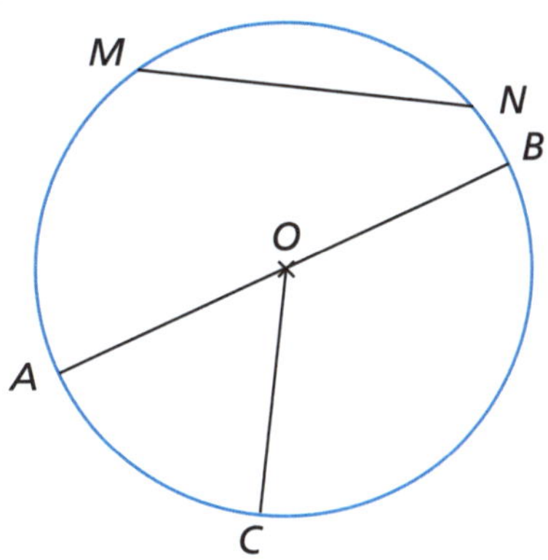

▸ Le segment [*MN*] joignant deux points du cercle sans passer par le centre est une corde*.

▸ Le segment [*AB*] joignant deux points du cercle en passant par le centre est un diamètre*. On dit que les points *A* et *B* sont **diamètralement opposés**.

▸ Les mots *rayon* et *diamètre* désignent à la fois une longueur et un segment.
On dira : « **le** rayon du cercle mesure 3 cm (ou **le** diamètre mesure 6 cm) », mais on dira : « [*OC*] est **un** rayon, [*AB*] est **un** diamètre ».

▸ La portion de cercle comprise entre les points *M* et *N* est un arc de cercle*. Il y a deux arcs de cercle d'extrémités *M* et *N* : un petit arc et un grand arc.

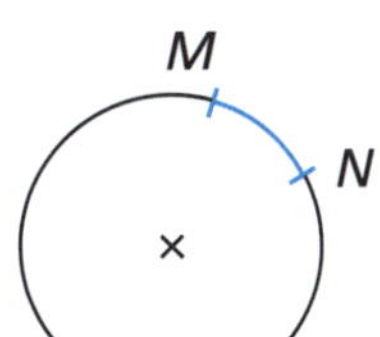

Je comprends comment faire

Trouver le diamètre, le rayon et la longueur d'un cercle ou l'aire d'un disque

→ Pour trouver **le diamètre*** d'un cercle*, quand on connaît son rayon*, on utilise la formule :

rayon × 2 = diamètre.

→ Pour trouver **le rayon*** d'un cercle, quand on connaît son diamètre, on utilise la formule :

diamètre : 2 = rayon.

→ Pour trouver **la longueur** d'un cercle (c'est aussi **le périmètre* du disque***), on utilise la formule :

longueur du cercle = diamètre × π *ou encore*

longueur du cercle = rayon × **2** × π.

→ Pour trouver **l'aire** d'un disque, on utilise la formule :

aire du disque = rayon × **rayon** × π.

On prendra pour le nombre π la valeur approchée **3,14**.

Reproduire un arc de cercle

Pour reproduire un arc de cercle*, on trace un cercle de même rayon.

À partir d'un point de ce cercle, on reporte avec le compas la longueur de la corde* [*MN*].

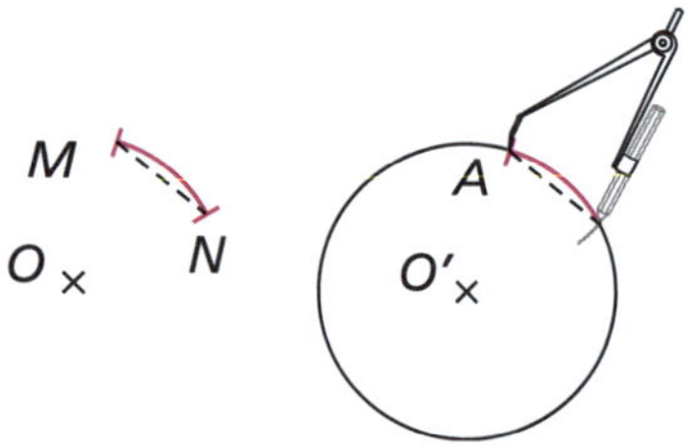

Notes

Corrigés p. 120

Je m'entraîne

Exercice 1

a. Ci-dessous, trace un segment* [*AB*] de longueur 2 cm.

b. Trace le cercle* de centre *A* passant par *B*, puis le cercle de centre *B* passant par *A*.

c. Ces deux cercles se coupent en deux points : *C* et *D*. Sans utiliser la règle graduée, donne les longueurs *AC*, *AD*, *BC* et *BD*.

....

....

Exercice 2

Muriel a enfilé des perles multicolores sur un fil rigide de 31,4 cm. Le collier obtenu a la forme d'un cercle.

Calcule son diamètre*.

....

....

....

Brouillon

Exercice 3

Pour chacune des figures suivantes, écris la consigne qui permet de la tracer.

a)

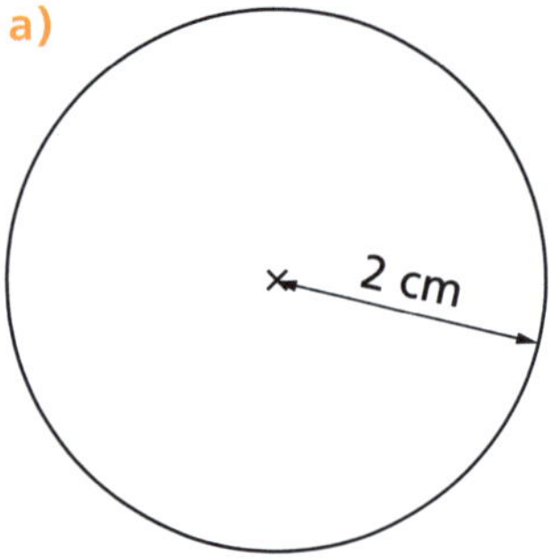

....

b)

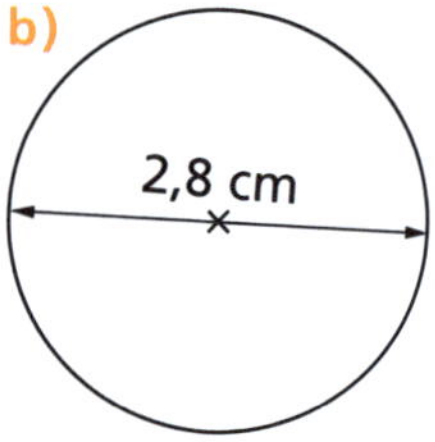

....

Exercice 4

Quelle est la longueur du segment [*CD*] sachant que le diamètre du demi-cercle est de 5 cm ?

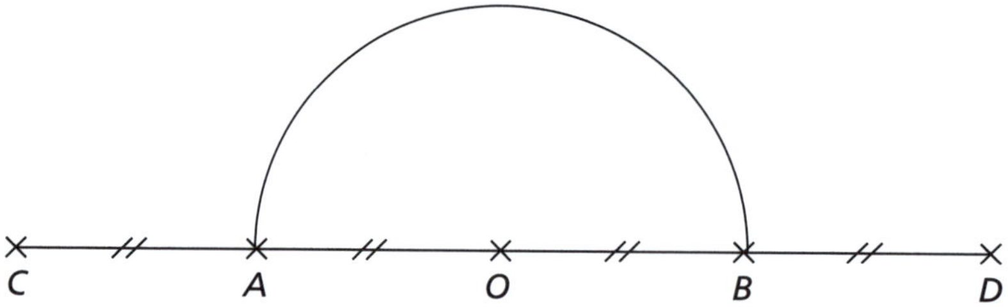

....

....

....

....

Exercice 5

Que calcule-t-on en faisant les calculs suivants ?

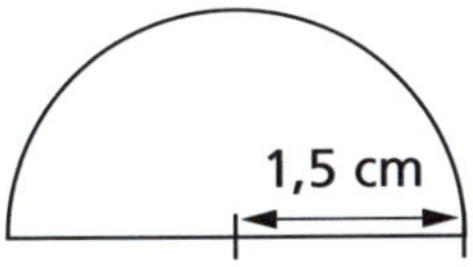

a. $1{,}5 \times 2 \rightarrow$ ....

b. $1{,}5 \times 2 \times \pi \rightarrow$ ....

c. $1{,}5 \times 1{,}5 \times \pi \rightarrow$ ....

d. $(1{,}5 \times 2 \times \pi : 2) \rightarrow$ ....

e. $(1{,}5 \times 2 \times \pi : 2 + (1{,}5 \times 2) \rightarrow$ ....

Exercice 6

Un professeur a relevé 6 erreurs sur le cahier d'un élève.

Barre-les et corrige-les.

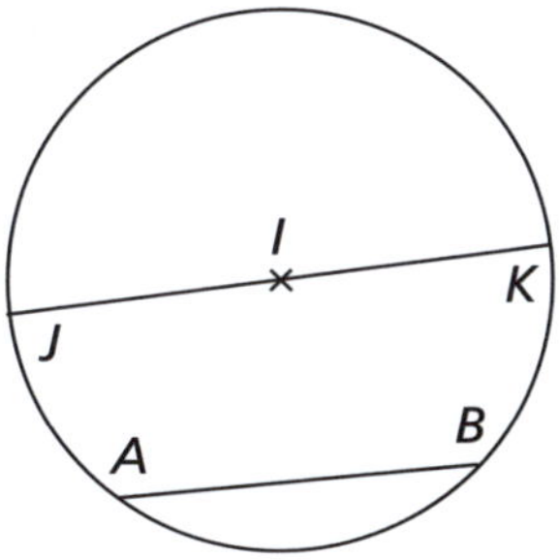

a. *I* est le milieu du cercle.

....

b. *I* est le centre du segment [*JK*].

....

c. [*AB*] est un arc de cercle*.

....

d. Le diamètre du cercle mesure 2 cm.

....

e. [*JK*] est un rayon* du cercle.

....

f. [*IA*] est un diamètre

....

Brouillon

Corrigés des exercices

Exercice 1

a. et b.

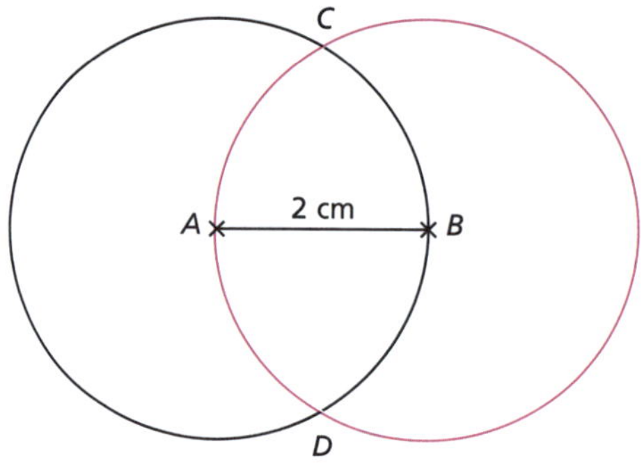

c. $AC = AD = 2$ cm ; $BC = BD = 2$ cm.

Exercice 2

diamètre $\times \pi$ = longueur du cercle.
Donc, longueur du cercle : π = diamètre.
Comme 31,4 : 3,14 = 10, le diamètre du collier mesure 10 cm.

Exercice 3

a. Tracer un cercle de rayon 2 cm.

b. Tracer un cercle de diamètre 2,8 cm.

Exercice 4

$CD = CA + AO + OB + BD$.
AO et OB sont des rayons du demi-cercle de diamètre 5 cm.
Donc $AO = OB = 5 : 2 = 2,5$ cm.
Les longueurs AC, AO, OB et BD sont égales, donc $CD = 2,5 + 2,5 + 2,5 + 2,5 = 10$ cm.

Exercice 5

a. le diamètre du demi-cercle et du cercle de rayon 1,5 cm ;
b. la longueur du cercle de rayon 1,5 cm ;
c. l'aire du disque de rayon 1,5 cm ;
d. la longueur du demi-cercle ;
e. le périmètre de la figure.

Si on fait les calculs, le diamètre mesure 3 cm ; la longueur du cercle est de 9,42 cm ; l'aire du disque est de 7,065 cm^2 ; le demi-cercle mesure 4,71 cm ; le périmètre de la figure est 7,71 cm.

Exercice 6

a. I est le **centre** du cercle.
b. I est le **milieu** du segment $[JK]$.
c. $[AB]$ est **une corde**.
d. Le diamètre du cercle mesure **3,7 cm**.
e. $[JK]$ est un **diamètre** du cercle.
f. $[IA]$ est un **rayon**.

Les angles

Je retiens le cours

1 Définitions

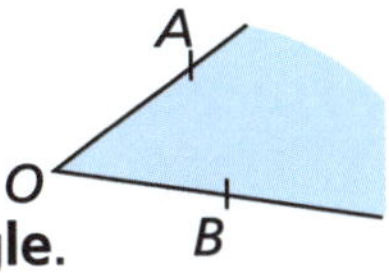

- La figure ci-contre représente un **angle***.
- Les **demi-droites** [*OA*) et [*OB*) sont les **côtés de l'angle**.
- Le point *O* est le sommet de l'angle.

Cet angle est l'angle *AOB* ou *BOA* : on le note $\widehat{AOB}$ ou $\widehat{BOA}$.

- Un angle se nomme avec 3 lettres. La lettre centrale désigne le sommet et les deux autres lettres sont des points de chaque côté de l'angle.

2 Mesure d'un angle

Un angle se mesure **en degrés***, avec **un rapporteur** (75° se lit « 75 degrés »).

angle droit	angle aigu	angle obtus	angle plat
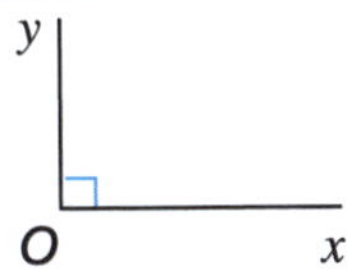	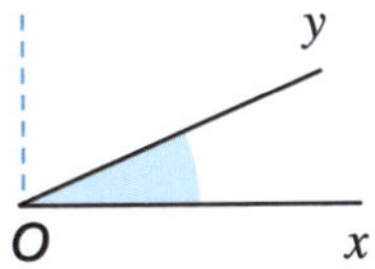	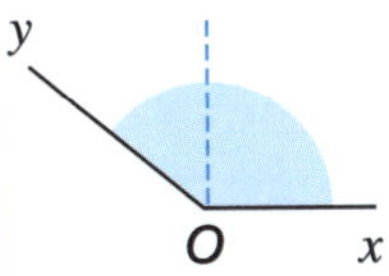	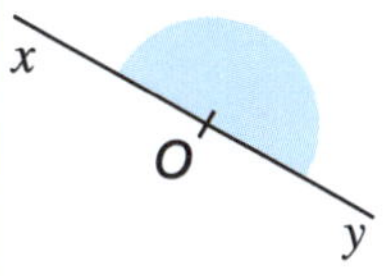
Ses côtés sont perpendiculaires*.	Il est plus petit que l'angle droit*.	Il est plus grand que l'angle droit.	Ses côtés sont situés sur une même droite.
Il mesure 90°.	Il mesure moins de 90°.	Il mesure plus de 90°.	Il mesure 180°.

Notes

Je comprends comment faire

Mesurer un angle

On place le centre du rapporteur sur le sommet de l'angle*.

On place la graduation 0 sur l'un des côtés de l'angle.

Sur le rapporteur, on suit les graduations 0°, 10°, 20°… jusqu'à ce que l'on rencontre le second côté de l'angle.

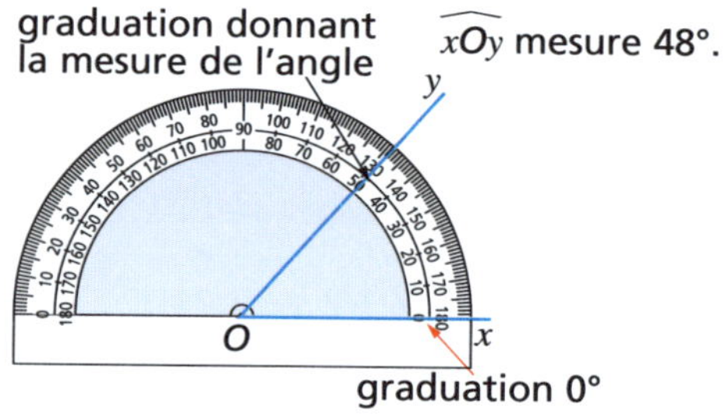

Construire un angle

Exemple : construire un angle $\widehat{xAy}$ mesurant 68°.

① On trace une demi-droite [Ax), d'origine A.

② On place le centre du rapporteur sur le point A et on aligne la graduation 0° sur la demi-droite.

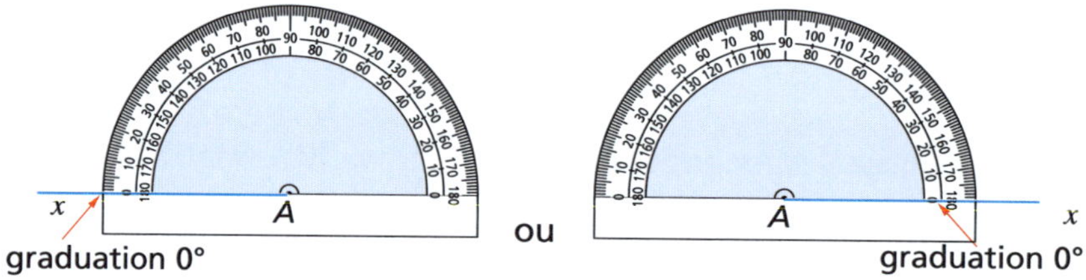

③ Sur le rapporteur, on suit les graduations, à partir de 0°, jusqu'à la mesure donnée (60° – 65° – 66° – 67° – 68°).

On lit entre 60 ° et 70° et on prolonge la graduation 68° par un trait de crayon sur la feuille.

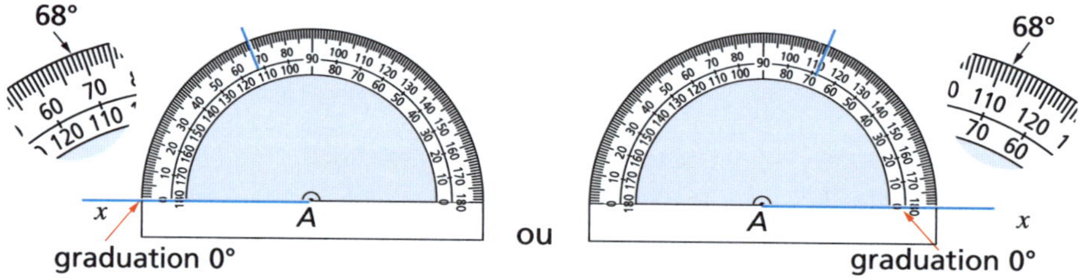

④ On trace ensuite le second côté de l'angle : c'est la demi-droite qui joint le sommet A au repère bleu.

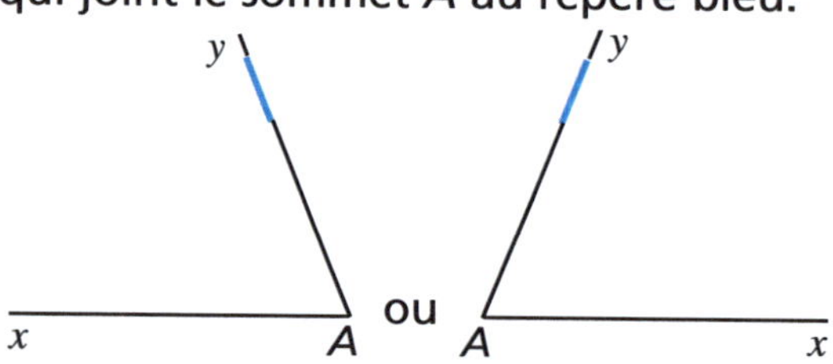

L'angle $\widehat{xAy}$ mesure 68°.

Notes

Corrigés p. 126

Brouillon

Je m'entraîne

Exercice 1

a. **Sur la figure ci-dessous, colorie les angles* $\widehat{xAm}$ en rouge, $\widehat{xBr}$ en vert, $\widehat{BCt}$ en bleu et $\widehat{mDt}$ en noir.**

b. **Nomme ces quatre angles en utilisant uniquement des lettres majuscules.**

....

....

c. **Nomme les angles 1, 2, 3 et 4 ci-dessous.**

....

....

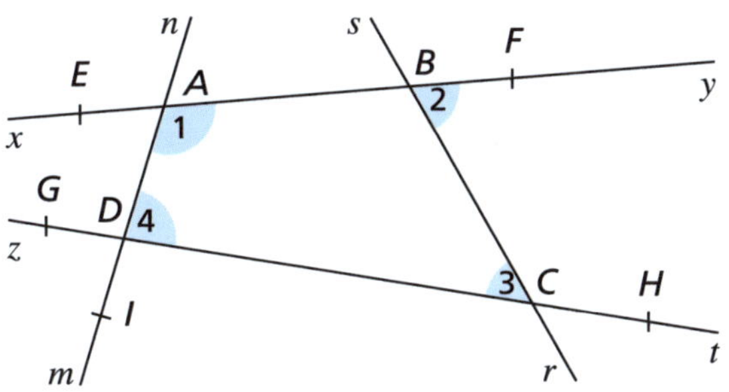

Exercice 2

À partir du dessin ci-dessous, complète le tableau avec : aigu, plat, droit, obtus, moins de 90°, 90°, 180°, plus de 90°.

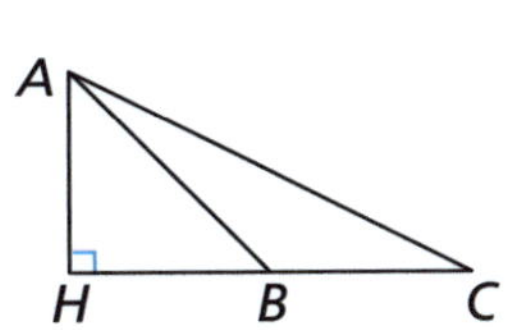

angle	$\widehat{BAC}$	$\widehat{ABC}$	$\widehat{AHC}$	$\widehat{HBC}$
nom	....	....	....	....
mesure	....	....	....	....

Exercice 3

Avec ton rapporteur, mesure les angles ci-dessous, à un degré* près.

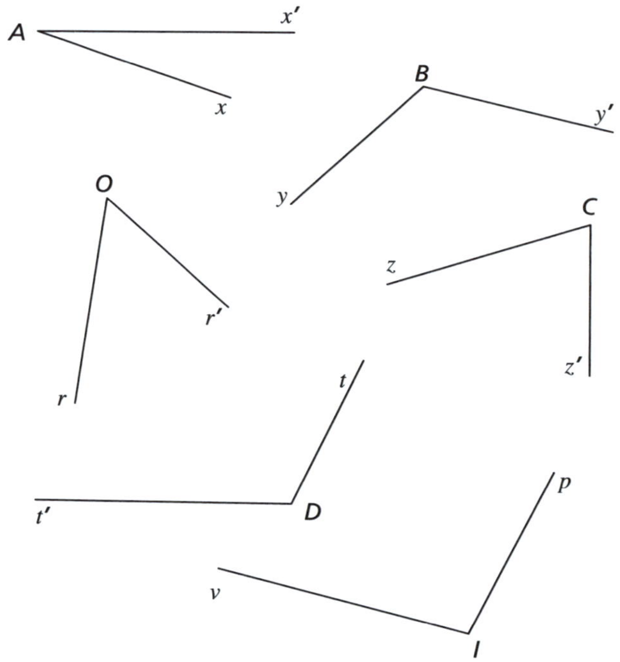

angle	$\widehat{xAx'}$	$\widehat{yBy'}$	$\widehat{zCz'}$	$\widehat{tDt'}$	$\widehat{vIp}$	$\widehat{rOr'}$
mesure	....	....	....	....	....	....

Exercice 4

Trace, à l'aide de ton rapporteur, les angles suivants, après avoir complété le tableau avec : aigu ou obtus.

angle	$\widehat{xOy}$	$\widehat{rEs}$	$\widehat{tIu}$
mesure	32°	115°	48°
nom	....	....	....

Exercice 5

a. Charles était absent à la leçon de géométrie. Par téléphone, tu lui donnes le programme de construction de la figure ci-dessous.

Que lui dis-tu ?

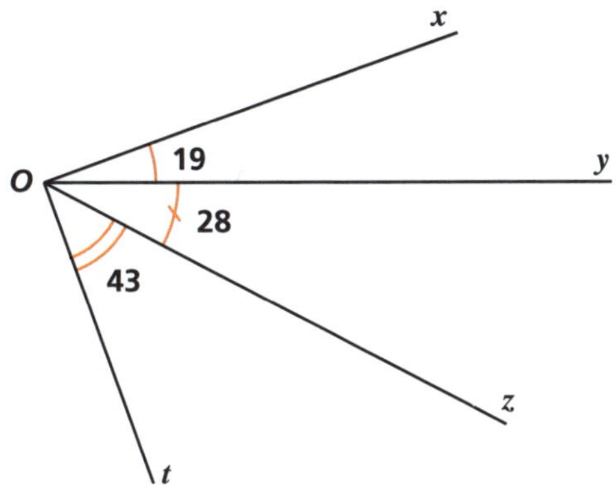

....

....

....

....

....

b. **Mesure ensuite au rapporteur l'angle $\widehat{xOt}$. Comment aurais-tu pu trouver cette mesure par le calcul ?**

....

....

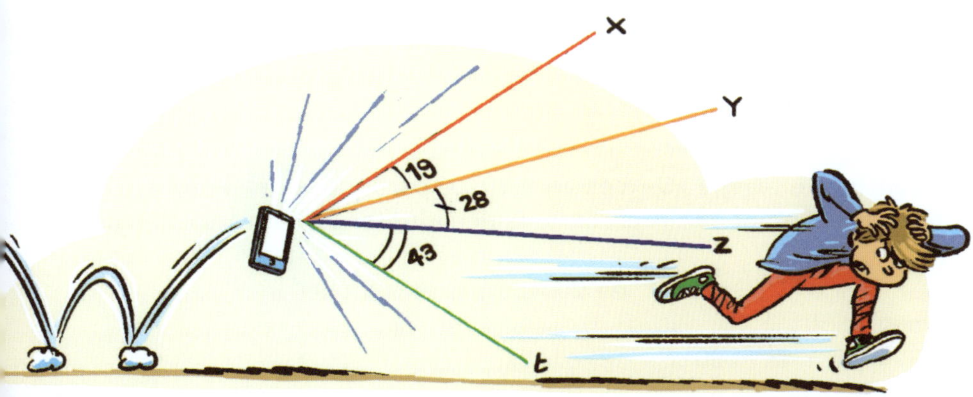

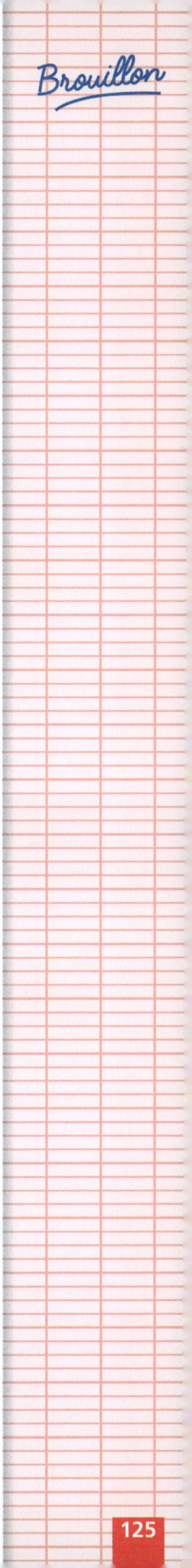

Corrigés des exercices

Exercice 1

a.

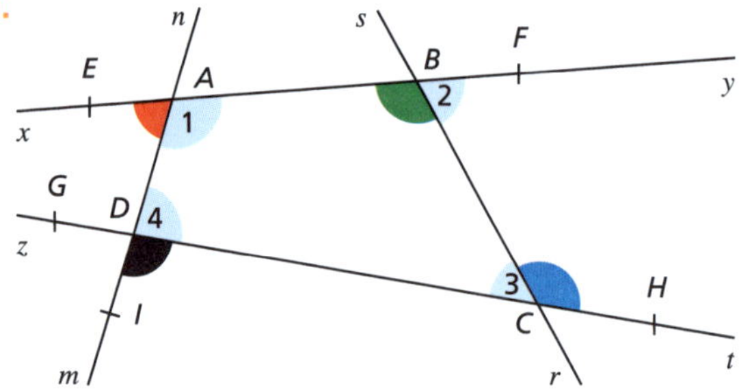

b. $\widehat{xAm}$, c'est encore $\widehat{EAD}$;
$\widehat{xBr}$, c'est encore $\widehat{EBC}$ ou $\widehat{ABC}$;
$\widehat{BCt}$, c'est encore $\widehat{BCH}$; $\widehat{mDt}$, c'est encore $\widehat{IDC}$ ou $\widehat{IDH}$.

c. 1, c'est $\widehat{DAB}$ ou $\widehat{mAy}$;
2, c'est $\widehat{yBr}$ ou $\widehat{FBC}$;
3, c'est $\widehat{BCD}$ ou $\widehat{sCz}$;
4, c'est $\widehat{ADC}$ ou $\widehat{nDt}$.

Exercice 2

angle	$\widehat{BAC}$	$\widehat{ABC}$	$\widehat{AHC}$	$\widehat{HBC}$
nom	aigu	obtus	droit	plat
mesure	moins de 90°	plus de 90°	90°	180°

Exercice 3

angle	$\widehat{xAx'}$	$\widehat{yBy'}$	$\widehat{zCz'}$	$\widehat{tDt'}$	$\widehat{vIp}$	$\widehat{rOr'}$
mesure	20°	125°	73°	118°	104°	56°

Exercice 4

angle	$\widehat{xOy}$	$\widehat{rEs}$	$\widehat{tIu}$
mesure	32°	115°	48°
nom	aigu	obtus	aigu

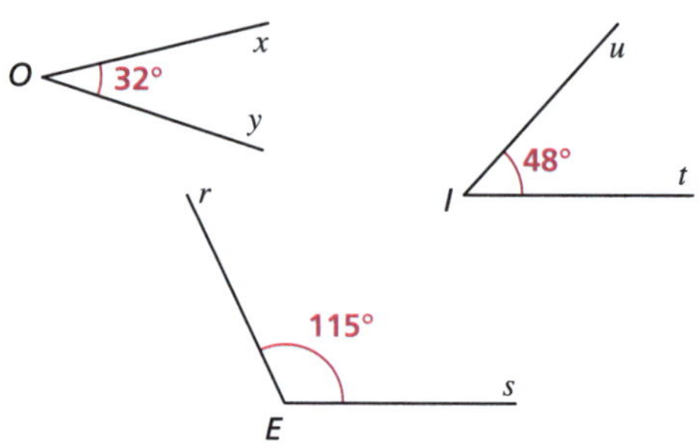

Exercice 5

a. Je lui dis : « Construis un angle $\widehat{xOy}$ mesurant 19°. À partir de la demi-droite [Oy), construis l'angle $\widehat{yOz}$ mesurant 28°. À partir de la demidroite [Oz), construis l'angle $\widehat{zOt}$ mesurant 43°.
Attention ! Les angles $\widehat{xOy}$, $\widehat{yOz}$ et $\widehat{zOt}$ ne doivent pas se recouper. »

b. L'angle $\widehat{xOt}$ mesure 90°.
Par le calcul : 19° + 28° + 43° = 90°.

Les triangles

Je retiens le cours

Notes

1 Définitions

▶ Un triangle* est une figure qui a 3 côtés.
▶ Dans le triangle *ABC* :
– les **points** *A*, *B* et *C* sont les **sommets** du triangle ;
– les **segments*** [*AB*], [*BC*] et [*AC*] sont les **côtés** du triangle.

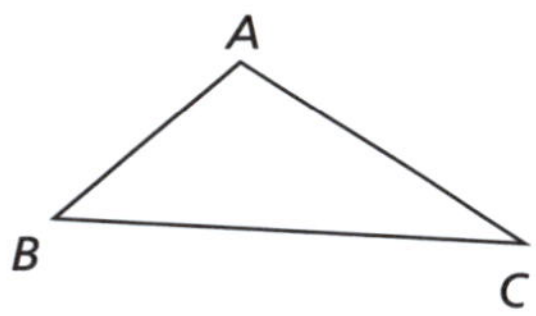

2 Le triangle isocèle

▶ Un triangle isocèle* est un triangle qui a 2 côtés de même longueur.
▶ Dans le triangle isocèle *ISO* :
– les côtés de même longueur sont [*SO*] et [*SI*] : ***SO* = *SI*** ;
– le sommet *S* commun à ces 2 côtés s'appelle le **sommet principal** ;
– le côté opposé au sommet principal s'appelle la **base***.

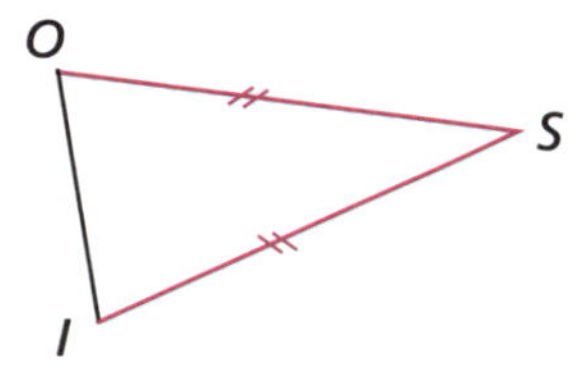

3 Le triangle équilatéral

Un triangle équilatéral* est un triangle qui a ses 3 côtés de même longueur. Dans le triangle équilatéral *ECU* : ***EC* = *CU* = *EU***.

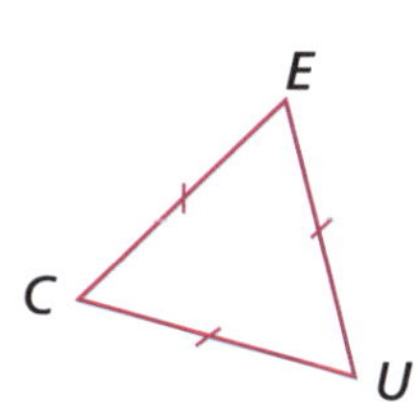

4 Le triangle rectangle

Un triangle rectangle* est un triangle qui a un angle droit. Le triangle *RET* est rectangle en *T* signifie que l'angle $\widehat{RTE}$ mesure 90°.

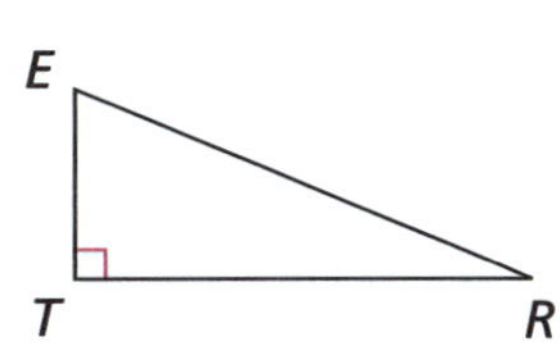

Je comprends comment faire

Construire un triangle *ABC* connaissant ses 3 côtés

***Ex.* : *AB* = 2,5 cm,**
***AC* = 2 cm**
et *BC* = 3 cm.

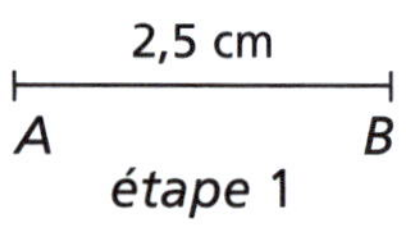

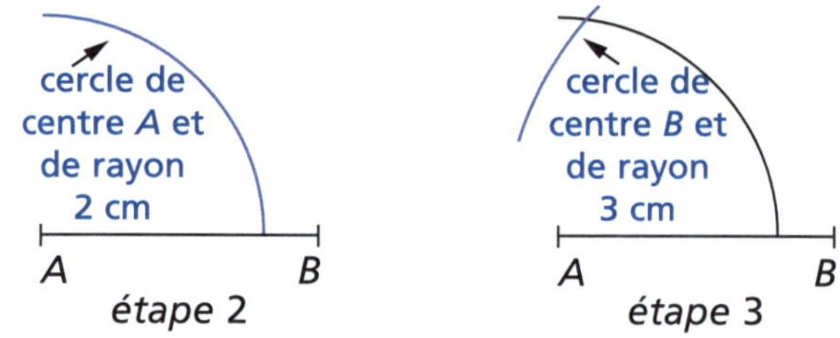

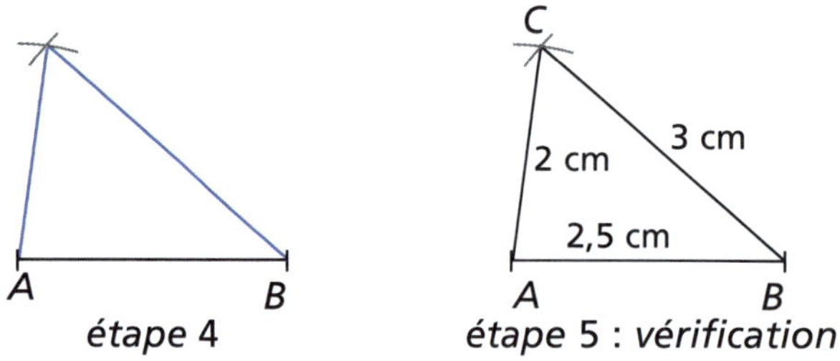

Construire un triangle *MNP* connaissant 2 côtés et la mesure d'un angle

***Ex.* : *MN* = 2,1 cm, *NP* = 2,6 cm**
et l'angle *MNP* mesure 42°.

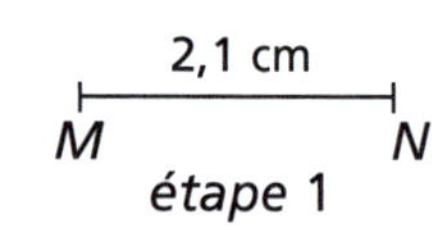

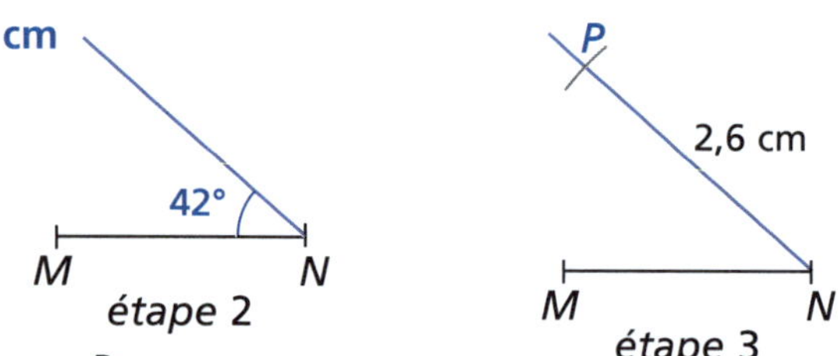

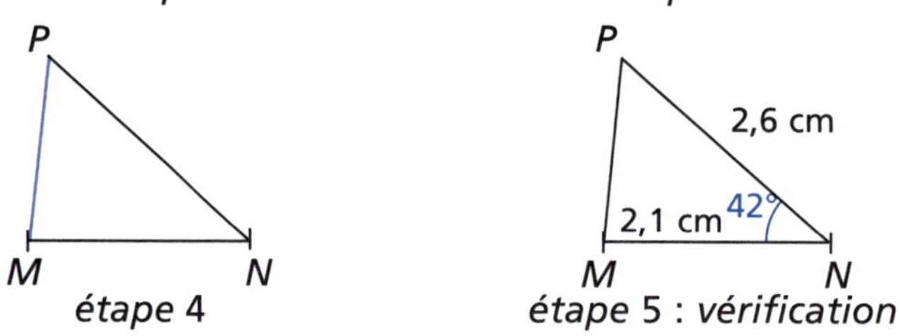

Construire un triangle *IJK* connaissant 1 côté et les mesures de 2 angles

***Ex.* : *IJ* = 1,8 cm, l'angle $\widehat{JIK}$ mesure 33° et l'angle $\widehat{IJK}$ mesure 103°.**

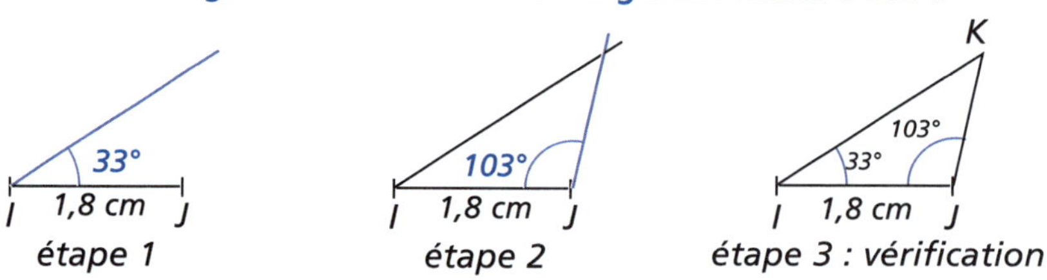

Notes

Corrigés p. 132

Je m'entraîne

Brouillon

Exercice 1

Complète les phrases suivantes.

a. Si dans le triangle *MNP*, les côtés [*MN*] et [*NP*] ont la même longueur, ce triangle est .... en ....
Son sommet principal est ....

b. Si dans le triangle *RST*, les côtés [*RS*] et [*ST*] sont perpendiculaires*, ce triangle est .... en ....

c. Si dans le triangle *MER* : *EM* = *MR* = *RE* , ce triangle est ....

Exercice 2

Un professeur a relevé deux erreurs sur le cahier d'un élève. Barre-les et corrige-les.

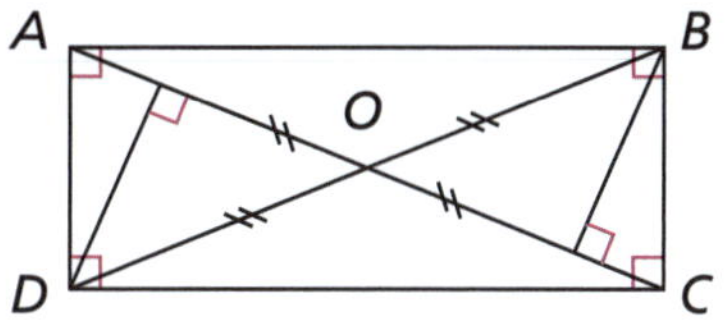

a. Le triangle *AOD* est un triangle isocèle* en *A*.

....

....

b. Les triangles *AOB* et *DOC* sont équilatéraux*.

....

....

c. Le triangle *ABD* est rectangle* en *A*.

....

....

Brouill

Exercice 3

Léa a construit correctement la figure demandée, mais a oublié de la coder.

Place les symboles corrects sur son dessin, sachant que :

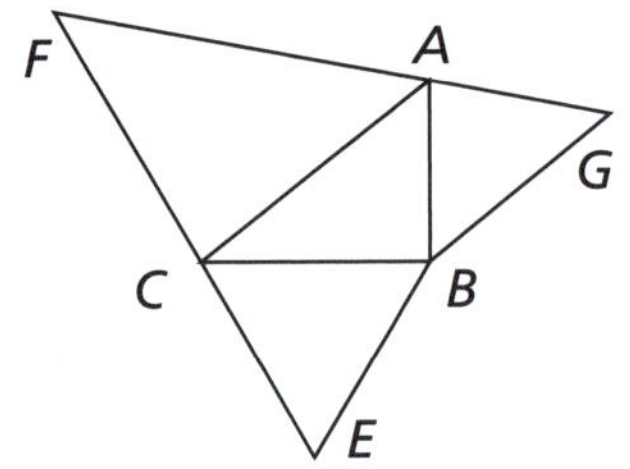

a. le triangle *ABC* est rectangle en *B* ;

b. le triangle *BCE* est équilatéral ;

c. le triangle *ACF* est isocèle de sommet principal *C* ;

d. le triangle *ABG* est isocèle de base* [*BG*].

Exercice 4

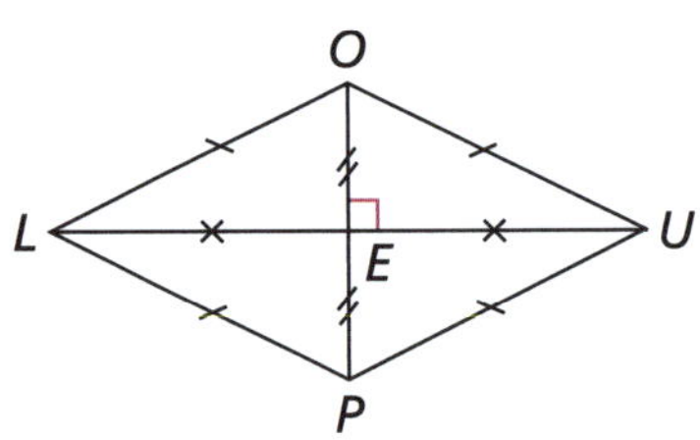

a. **Si *OP* = *LO*, quelle sera la nature du triangle *LOP* ?**

b. **Guillaume a trouvé 8 triangles sur cette figure. Lesquels ? Précise pour chacun d'eux sa nature.**

Exercice 5

Avant de faire chacune des constructions suivantes, n'oublie pas de faire une figure à main levée.

a. **Construis le triangle *ABC* isocèle en *A*, tel que**
$AB = 2{,}5$ cm et $BC = 3$ cm.

b. **Construis le triangle *RTS* connaissant :**
$RT = 4$ cm ; mes $(\widehat{RTS}) = 20°$; mes $(\widehat{SRT}) = 112°$.

c. **Construis le triangle *IJK* rectangle en *J*, tel que :**
$IJ = 2{,}5$ cm et mes $(\widehat{JIK}) = 45°$.

Mesure le côté [*JK*]. Que peux-tu dire du triangle *IJK* ?

....

Brouillon

Corrigés des exercices

Exercice 1

a. isocèle / *N* / *N*. b. rectangle / *S*. c. équilatéral.

Exercice 2

a. Le triangle *AOD* est un triangle isocèle **de sommet principal *O***.
b. Les triangles *AOB* et *DOC* sont **isocèles en *O***.
c. Il n'y a pas d'erreur ici : le triangle *ABD* est bien rectangle en *A*.

Exercice 3

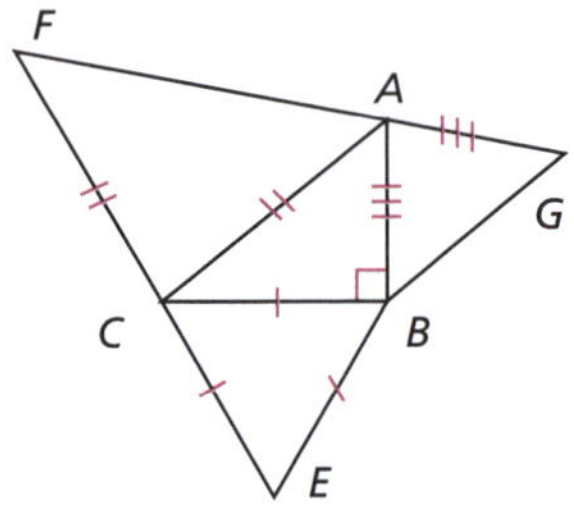

a. Symbole de l'angle droit dans l'angle $\widehat{ABC}$;
b. même symbole sur les longueurs *BC*, *BE* et *CE* ;
c. même symbole (mais différent du précédent) sur [*CA*] et [*CF*] ;
d. nouveau symbole, identique sur les côtés [*AB*] et [*AG*].

Exercice 4

a. Si *OP* = *OL*, le triangle *LOP* est un triangle équilatéral, car ses trois côtés ont même longueur.
b. Triangles isocèles : *LOU* et *LPU* ; triangles rectangles : *LOE*, *OEU*, *PEL*, *PEU* ; triangles équilatéraux : *POL* et *PUO*.

Exercice 5

Figures à main levée :

a.

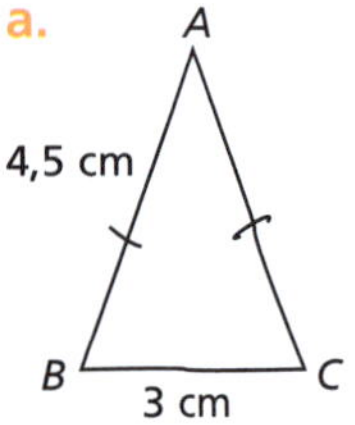

b.

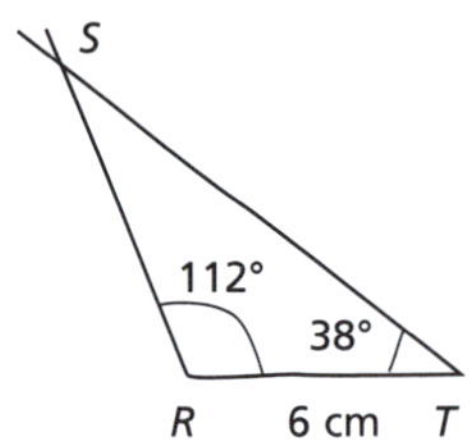

c.

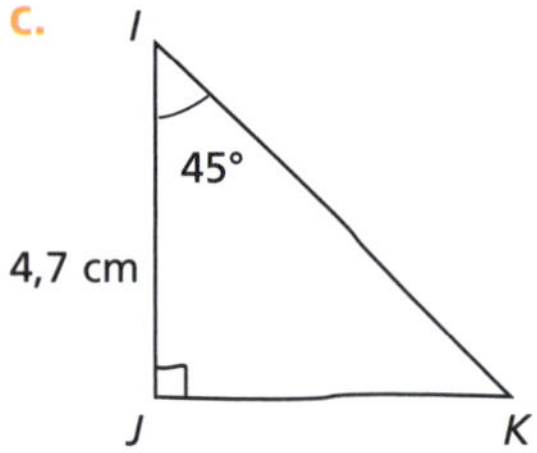

Constructions :

a. Dessin à l'échelle 1/2 :

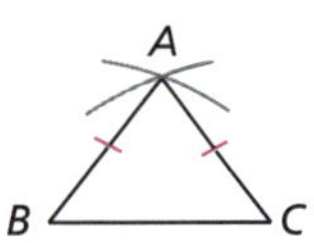

b. Dessin à l'échelle 1/2 :

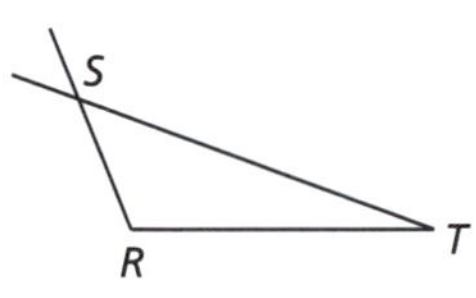

c. Dessin à l'échelle 1/2 :
JK = 4,7 cm. Le triangle *IJK* est rectangle isocèle, car il a un angle droit et deux côtés de même longueur.

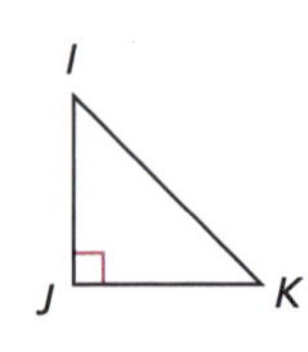

Symétrie axiale

Je retiens le cours

1 Définition

▶ Deux figures sont symétriques par rapport à une droite lorsqu'on peut les superposer par pliage autour de cette droite.

▶ Lorsque deux figures sont symétriques par rapport à une droite, cette droite est appelée **l'axe de symétrie***.

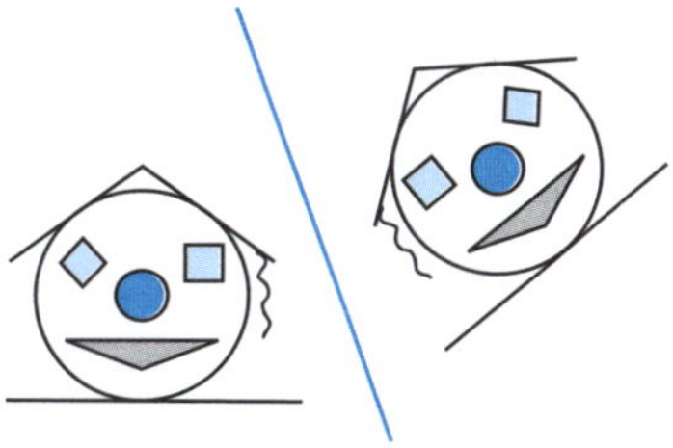

2 Propriétés

▶ Deux figures symétriques ont la même forme et les mêmes dimensions.

▶ Deux figures symétriques ont aussi la même aire*.

▶ Le symétrique :

– d'un point est un point ;

– d'une droite est une droite ;

– d'un segment est un segment de même longueur ;

– d'un angle* est un angle de même mesure ;

– d'un cercle* est un cercle de même rayon* (les centres de ces cercles sont deux points symétriques).

Je comprends comment faire

Construire le symétrique du point *A* par rapport à la droite (*d*)

→ Avec l'équerre, on trace la perpendiculaire à la droite (*d*) passant par *A*, qui coupe (*d*) en *H*.

→ On prolonge la demi-droite [*AH*) et, avec le compas, on construit le point *A'* tel que *AH* = *HA'*.

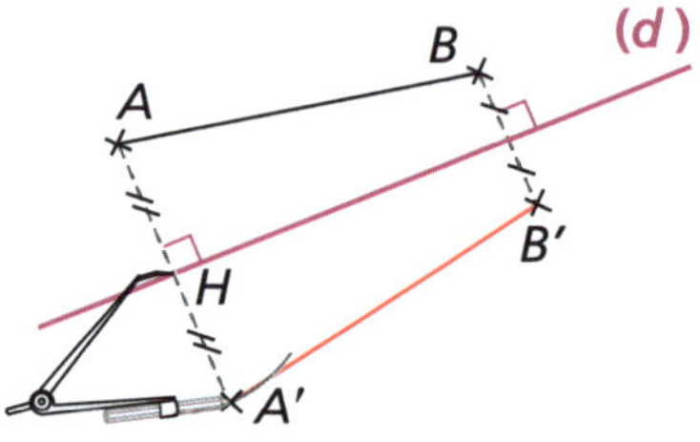

Lorsque le point *A* est situé sur l'axe de symétrie*, son symétrique *A'* est confondu avec le point *A*.

Construire le segment [*A'B'*] symétrique du segment [*AB*]

On construit les points *A'* et *B'* symétriques des points *A* et *B*. On trace ensuite le segment* [*A'B'*].

Les longueurs *A'B'* et *AB* sont égales : *A'B'* = *AB*.

Construire le symétrique d'une droite (Δ) par rapport à la droite (*d*)

→ **Si le point d'intersection*** *I* des droites (*d*) et (Δ) **est sur la figure,** la droite (Δ') symétrique de (Δ) par rapport à (*d*) passe par ce point *I*. On se donne un autre point *A* sur (Δ) et on construit son symétrique (*A'*). La droite (Δ') passe par les points *I* et *A'*.

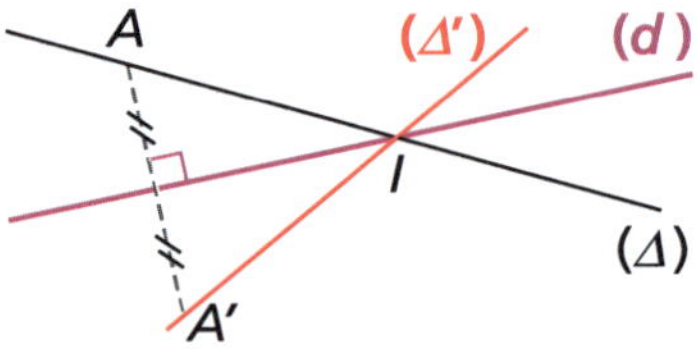

→ **Si le point d'intersection n'est pas sur la figure,** on place deux points *A* et *B* sur (Δ) et on construit leurs symétriques *A'* et *B'* par rapport à la droite (*d*). La droite (Δ') symétrique de la droite (Δ) par rapport à la droite (*d*) passe par les points *A'* et *B'*.

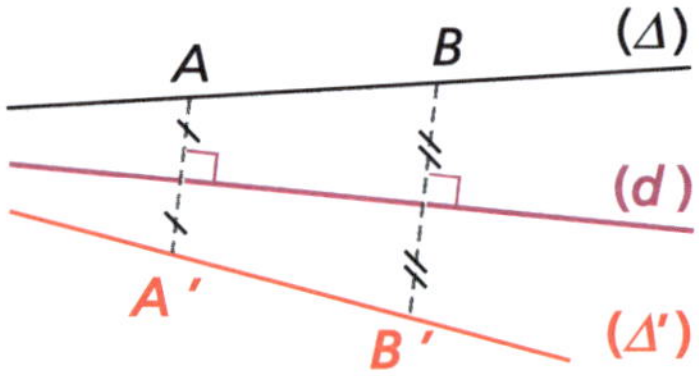

Corrigés p. 138

Je m'entraîne

Brouillon

Exercice 1

Barre les lettres *F* suivantes qui ne sont pas symétriques par rapport à la droite (*d*).

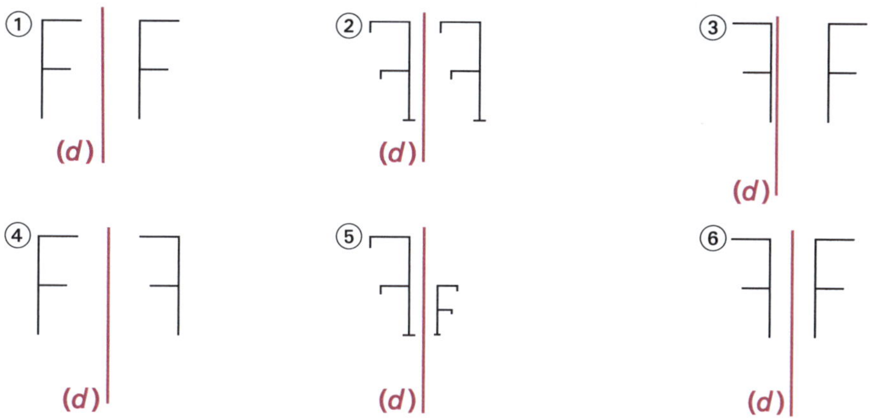

Exercice 2

Construis le symétrique [*M'N'*] du segment* [*MN*] par rapport à la droite (*d*) dans chacun des cas suivants.

a.

b.

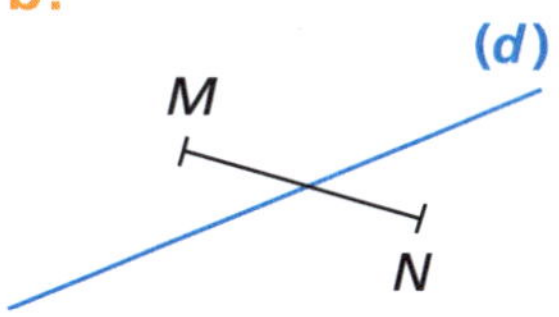

c.

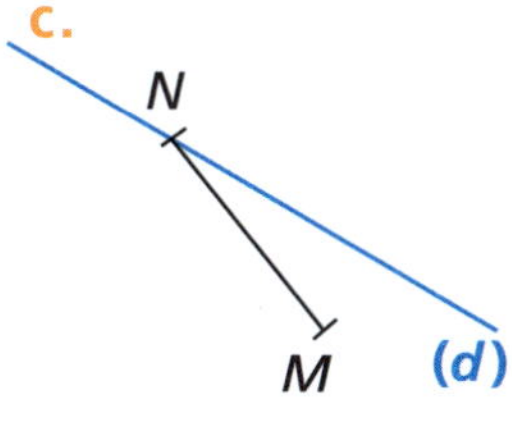

d.

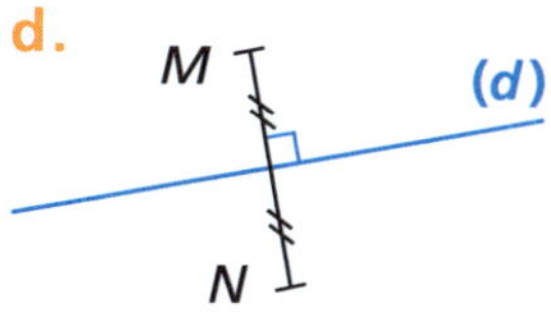

Exercice 3

Trace à la règle les droites (*D*) et (*D'*) respectivement symétriques des droites (*MP*) et (*NP*) par rapport à la droite (*d*).

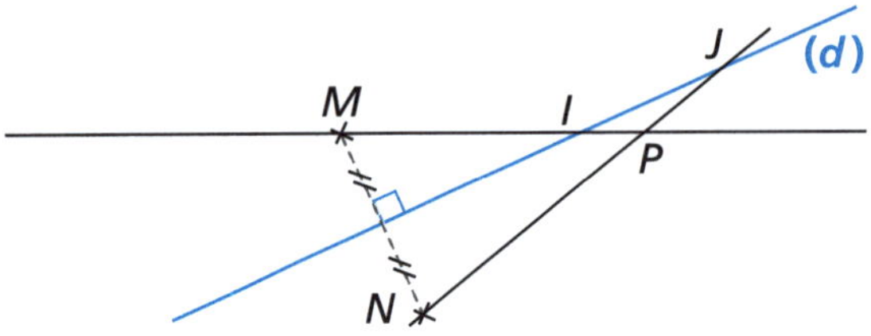

Exercice 4

Observe la figure ci-après et nomme :

a. les points symétriques.

....

b. les segments symétriques (donne les longueurs égales).

....

c. les triangles symétriques.

....

Quel angle* a même mesure que l'angle $\widehat{BCD}$?
Justifie ta réponse.

....

....

....

....

....

....

....

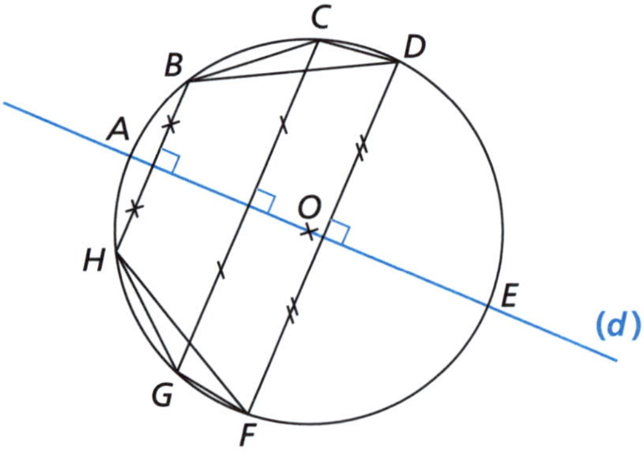

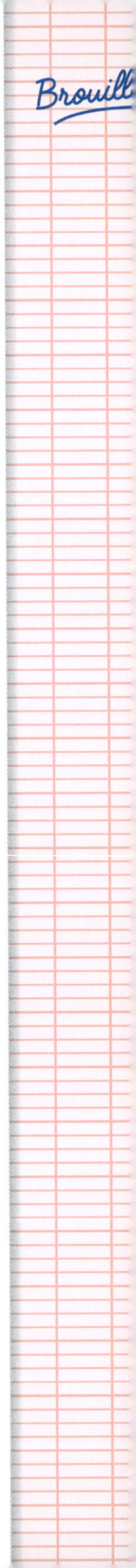

Brouillon

Exercice 5

a. **Reproduis cette figure en vraie grandeur et construis le symétrique *A'B'C'D'* du rectangle* *ABCD* par rapport à la droite (*d*).**

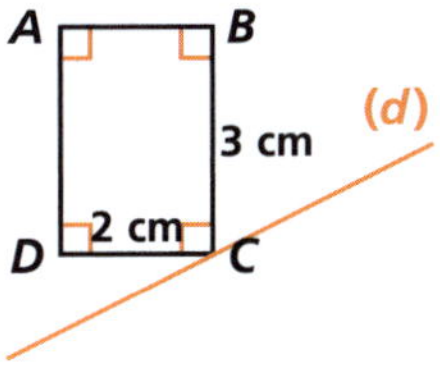

b. **Calcule l'aire* du rectangle *A'B'C'D'*.**

....

....

....

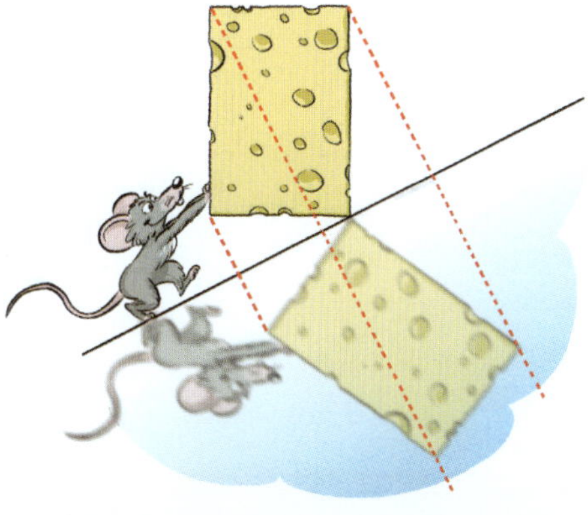

Corrigés des exercices

Exercice 1

Il faut barrer les lettres *F* des dessins ①, ②, ③ et ⑤.

Exercice 2

a.

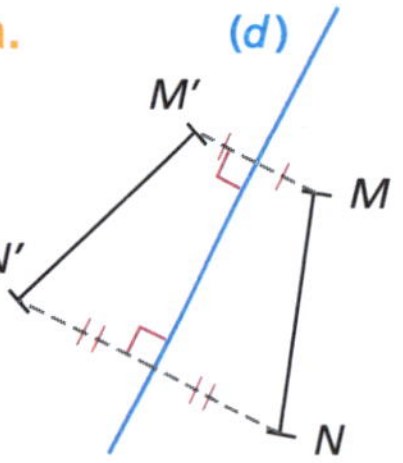

b.

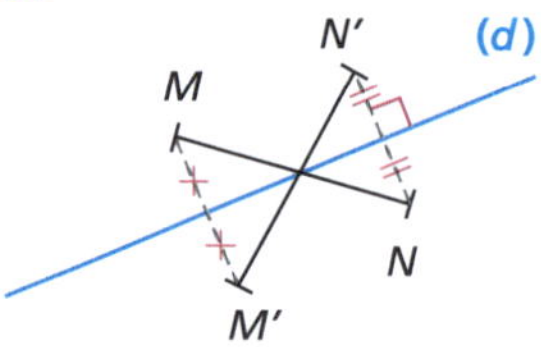

c.

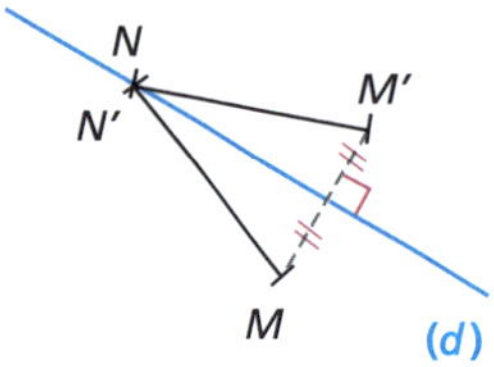

d.

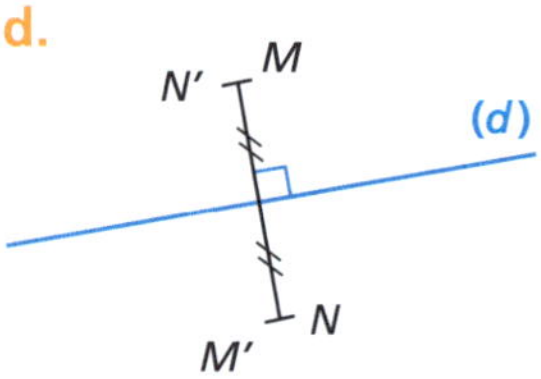

Exercice 3

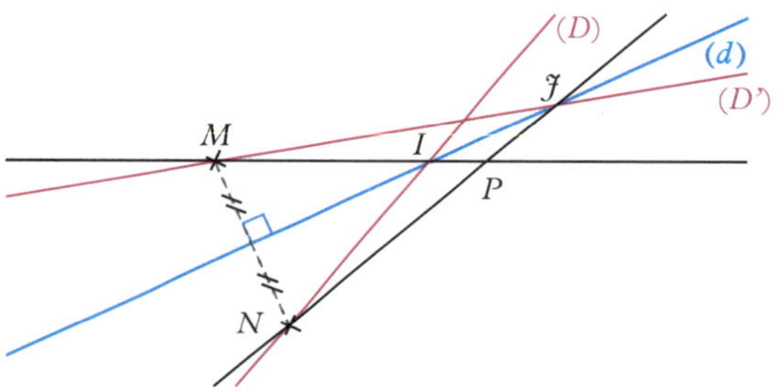

Exercice 4

a. Les points *B* et *H*, *C* et *G*, *D* et *F* sont symétriques par rapport à la droite (*d*).
Les points *O*, *A* et *E* sont confondus avec leurs symétriques par rapport à (*d*).

b. Les segments [*BC*] et [*HG*], [*CD*] et [*GF*], [*BD*] et [*HF*] sont symétriques par rapport à la droite (*d*).

c. Les triangles *BCD* et *HGF* sont symétriques par rapport à la droite (*d*).
L'angle $\widehat{HGF}$ a même mesure que l'angle *BCD*, car ces deux angles sont symétriques par rapport à la droite (*d*).

Exercice 5

a. Dessin à l'échelle 1/2 :

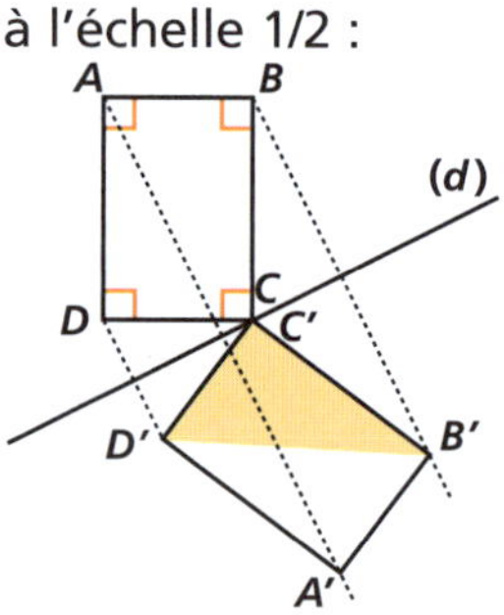

b. L'aire du rectangle *A'B'C'D'* est égale à l'aire du rectangle *ABCD* car 2 figures symétriques ont la même aire.
3 cm × 2 cm = 6 cm².

Axes de symétrie d'une figure

Notes

Je retiens le cours

1 L'axe de symétrie d'une figure

▶ Une figure *F* a pour axe de symétrie* la droite (*d*) si, par pliage autour de (*d*), les deux parties de *F* se superposent exactement.

▶ Une figure peut avoir 0, 1 ou plusieurs axes de symétrie.

2 La médiatrice d'un segment

▶ **La médiatrice*** du segment* [*AB*] est la droite (*d*) perpendiculaire à ce segment, en son milieu* *I*.

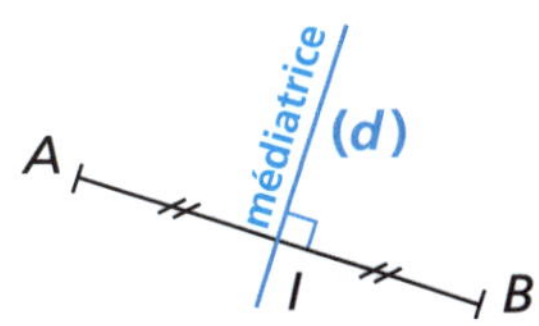

▶ **La médiatrice** d'un segment est **l'axe de symétrie** de ce segment.

▶ Si un point *M* est situé sur la médiatrice du segment [*AB*], alors il est à égale distance* des extrémités *A* et *B* : *MA* = *MB*.

Si un point *P* est à égale distance de deux points *A* et *B*, alors il est situé sur la médiatrice du segment [*AB*].

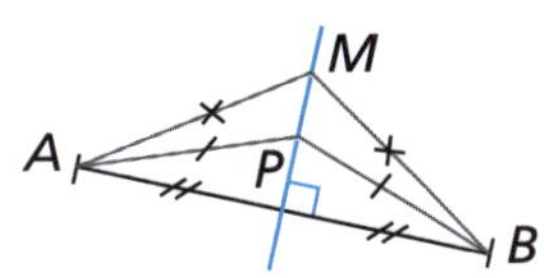

3 La bissectrice d'un angle

▶ **La bissectrice*** de l'angle* $\widehat{xOy}$ est la droite (*Oz*) qui partage cet angle en deux angles de même mesure :

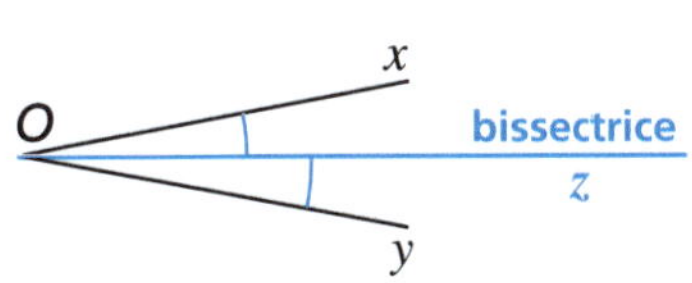

$$\widehat{xOz} = \widehat{zOy} = \frac{\widehat{xOy}}{2}.$$

▶ **La bissectrice** d'un angle **est l'axe de symétrie** de cet angle.

Notes

Je comprends comment faire

Tracer la médiatrice d'un segment [*MN*]

→ **Avec l'équerre et la règle :**

– on mesure le segment* [*MN*] ;

– on place le point *I*, milieu* de [*MN*] ;

– on trace la droite (*d*) perpendiculaire* à [*MN*], passant par *I* : c'est la médiatrice*.

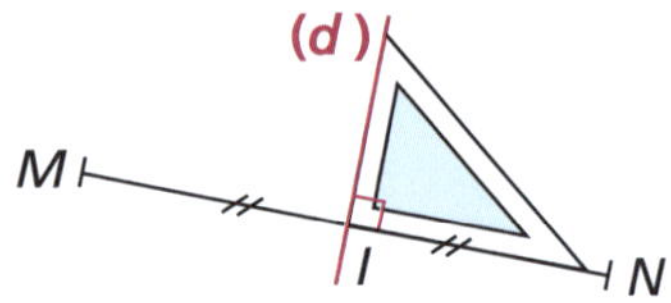

→ **Avec le compas :**

– on trace un arc de cercle* de centre *M*, *de rayon* supérieur à la moitié de MN* ;

– on garde le même rayon et on trace un arc de cercle de centre *N* ;

– les deux axes se coupent en *H* et *K*. On trace la droite (*HK*).

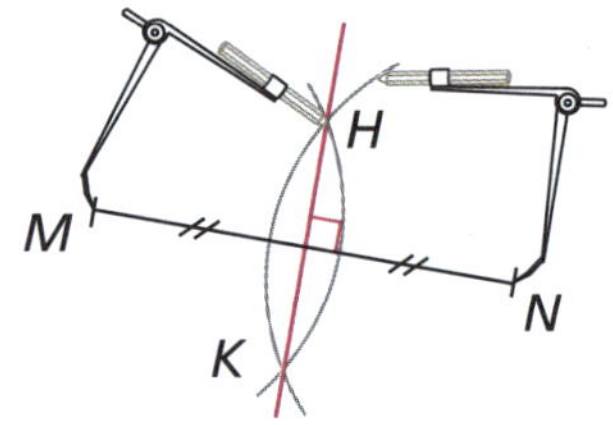

Tracer la bissectrice d'un angle $\widehat{xOy}$

→ **Au rapporteur :**

– on mesure l'angle* $\widehat{xOy}$: $\widehat{xOy} = 48°$;

– on divise cette mesure par 2 : 24° ;

– on trace la droite (*Oz*), telle que l'angle $\widehat{xOz}$ mesure 24° : c'est la bissectrice* de l'angle $\widehat{xOy}$.

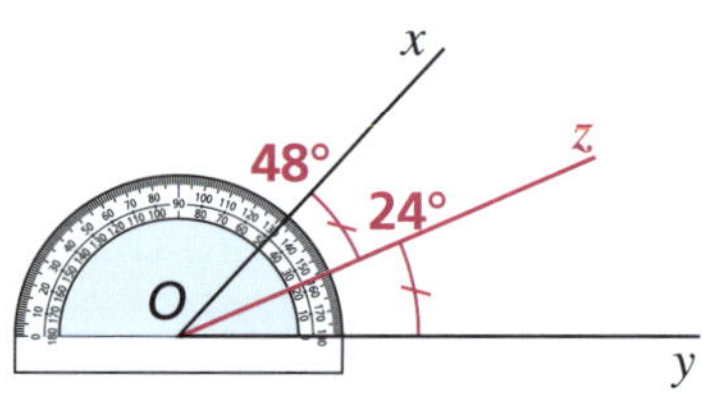

→ **Au compas :**

– on trace un arc de cercle de centre *O* qui coupe [*Ox*) et [*Oy*) en *S* et *T* ;

– on trace deux arcs de cercle de même rayon, de centre *S* et *T*. Ils se coupent en *R*. On trace la droite (*OR*) : c'est la bissectrice de l'angle $\widehat{xOy}$.

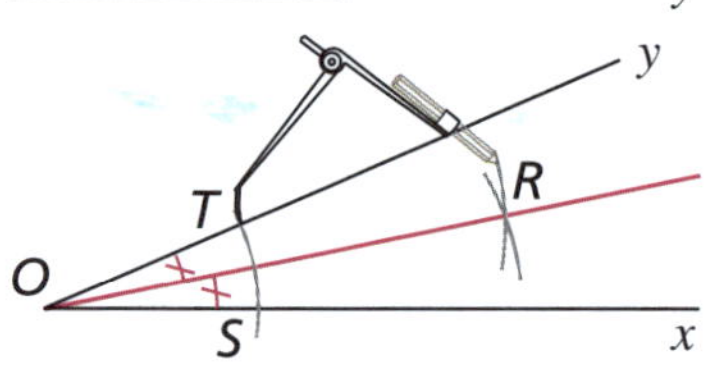

Je m'entraîne

Corrigés p. 144

Brouillon

Exercice 1

Trace les axes de symétrie* des mots suivants.

ASA SOS TUUT CHICHI EYE

Exercice 2

Trace les axes de symétrie des figures suivantes.

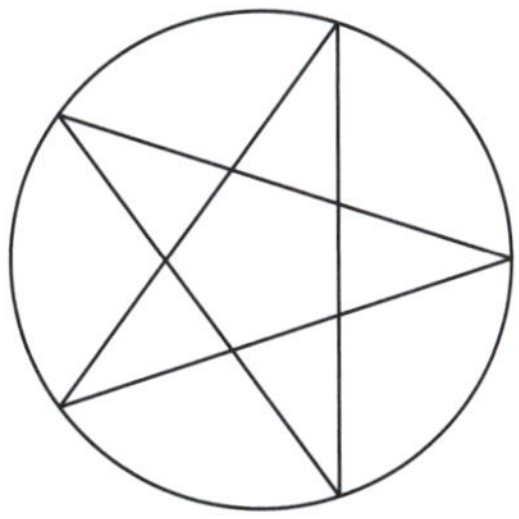

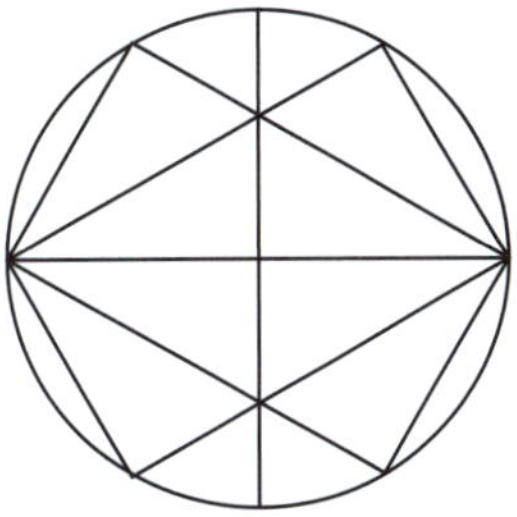

Exercice 3

Complète le dessin suivant de telle sorte que la figure obtenue ait deux axes de symétrie : l'axe vertical et l'axe horizontal.

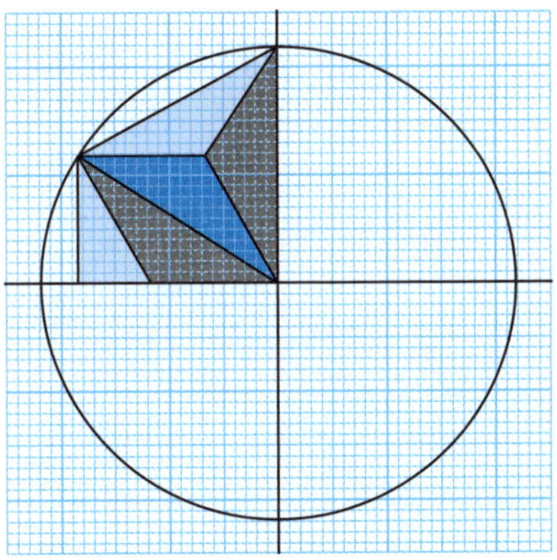

Brouill

Exercice 4

a. **Construis la droite (*Δ*) médiatrice* d'un segment* [*JK*] mesurant 4,5 cm.**

b. **Place un point *I* sur cette droite (*Δ*).**

c. **Que peux-tu dire du triangle *IJK* ?**

....

....

....

d. **Que représente la droite (*Δ*) pour le triangle *IJK* ?**

....

....

Exercice 5

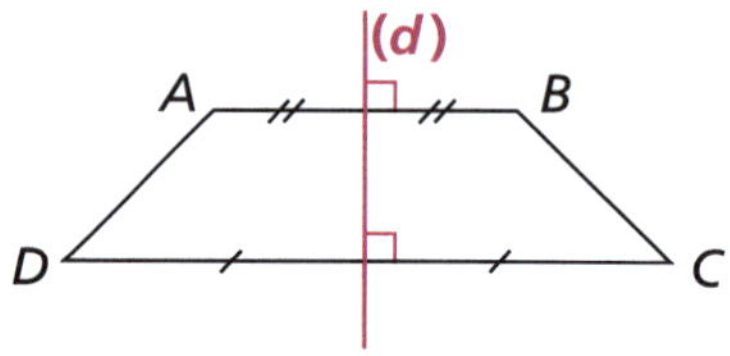

a. **Complète :** « La droite (*d*) est la .... des segments [*AB*] et [*CD*]. »

Que peux-tu dire des points *A* et *B*, *C* et *D*, des longueurs *AD* et *BC* ?

....

....

b. **Que peux-tu dire des droites (*AB*) et (*DC*) ?**

....

....

c. **Place le point *I*, milieu* de [*AD*]. Construis le point *I'*, symétrique du point *I* par rapport à la droite (*d*).**

d. **Complète :** « Lorsque trois points sont alignés, leurs symétriques sont aussi .... »

Si *I* est le milieu d'un segment, alors son symétrique *I'* est le .... du segment symétrique. »

Exercice 6

Trace ci-dessous un angle* de 52° et un angle de 38°. Construis leurs bissectrices*.

Brouillon

Corrigés des exercices

Exercice 1

ASA : aucun axe de symétrie ; SOS : aucun axe de symétrie ; TU|UT : 1 axe vertical ; CHICHI : 1 axe horizontal ; EYE : aucun axe.

Exercice 2

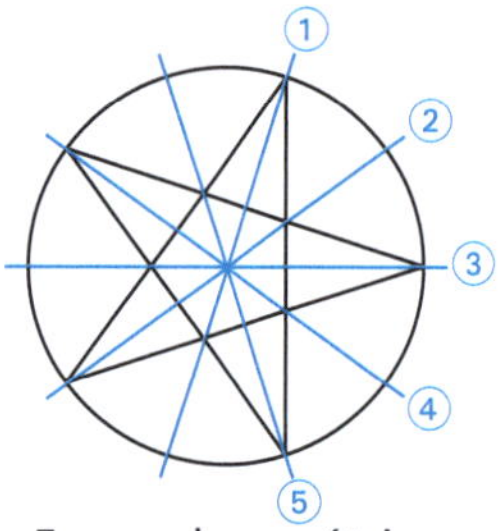

5 axes de symétrie

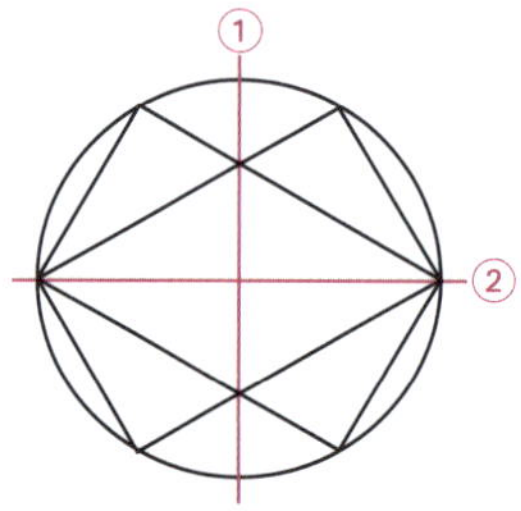

2 axes de symétrie

Exercice 3

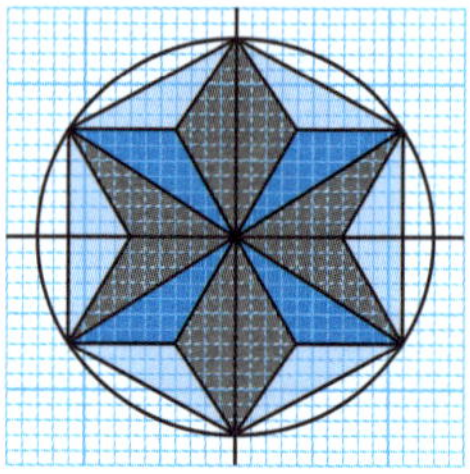

Exercice 4

a. et b.

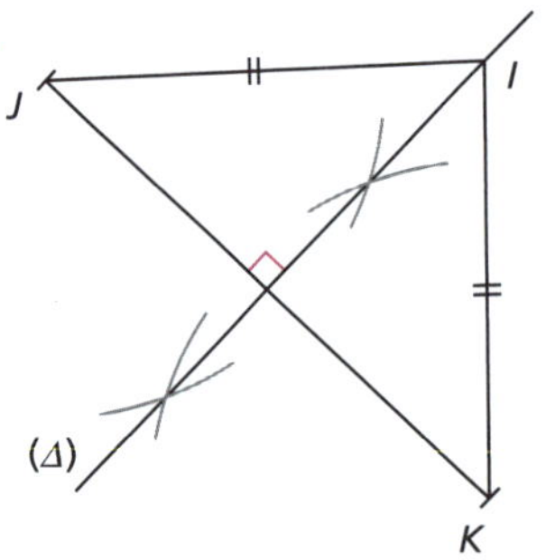

c. I est situé sur la médiatrice du segment $[JK]$, donc $IJ = IK$. Le triangle IJK, ayant deux côtés de même longueur, est isocèle.

d. La droite (Δ) est un axe de symétrie dans le triangle IJK.

Exercice 5

a. médiatrice. Les points A et B sont symétriques par rapport à la droite (d). Les points D et C sont symétriques par rapport à la droite (d). Les longueurs AD et BC sont égales car les segments $[AD]$ et $[BC]$ sont symétriques par rapport à la droite (d).

b. Les droites (AB) et (DC) sont toutes deux perpendiculaires à la même droite (d). Donc elles sont parallèles.

c.

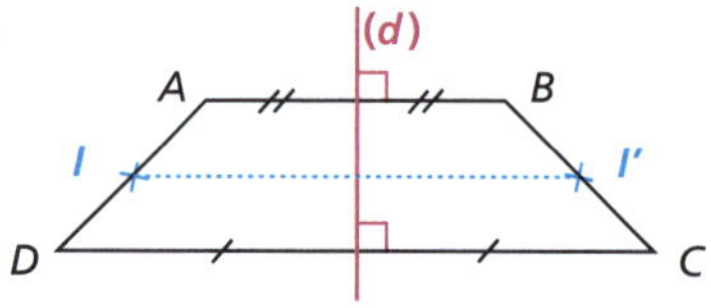

d. alignés / milieu.

Exercice 6

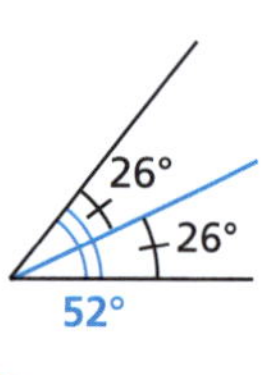

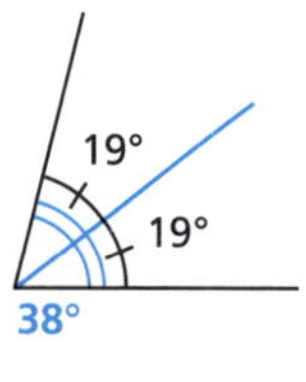

Figures symétriques

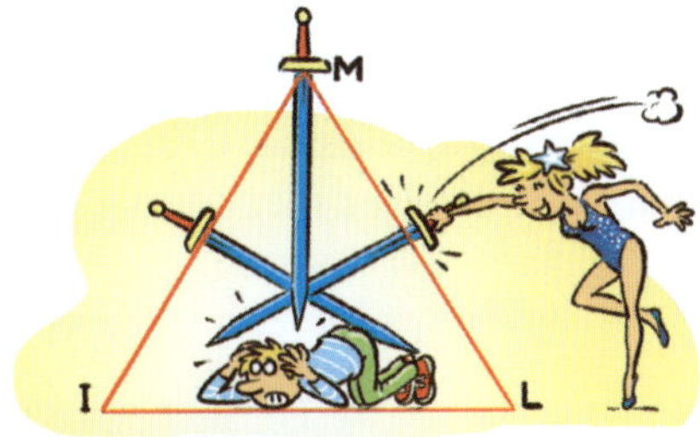

Je retiens le cours

1 Les triangles

▸ **Un triangle isocèle* a 1 axe de symétrie***, qui est à la fois :
– médiatrice* de la base* ;
– bissectrice* de l'angle* du sommet principal.

Dans un triangle isocèle*, les angles à la base sont égaux.

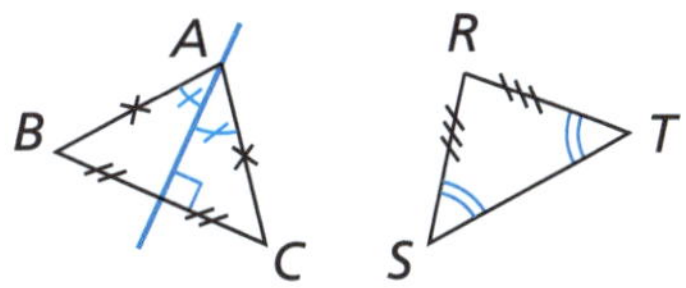

▸ **Un triangle équilatéral* a 3 axes de symétrie**, qui sont à la fois :
– médiatrices des côtés ;
– bissectrices des angles.

Dans un triangle équilatéral, chaque angle mesure 60°.

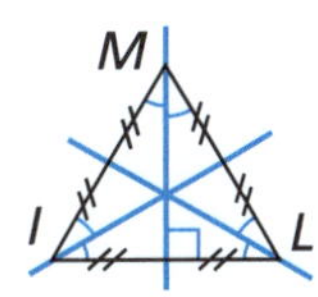

2 Les quadrilatères

▸ **Un quadrilatère** est un polygone qui a **4 côtés**. Le losange*, le rectangle*, et le carré* sont des quadrilatères particuliers.

▸ **Un losange a 2 axes de symétrie**, qui sont ses diagonales*.

Dans un losange, les diagonales sont perpendiculaires* et se coupent en leur milieu*.

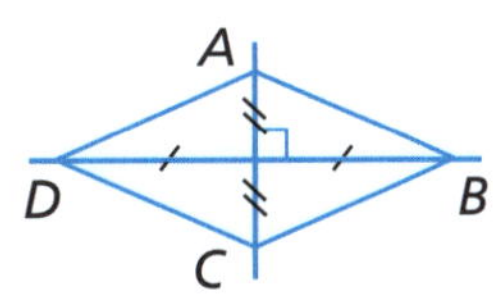

▸ **Un rectangle a 2 axes de symétrie**, qui sont les médiatrices des côtés opposés.

Dans un rectangle, les diagonales se coupent en leur milieu et ont même longueur.

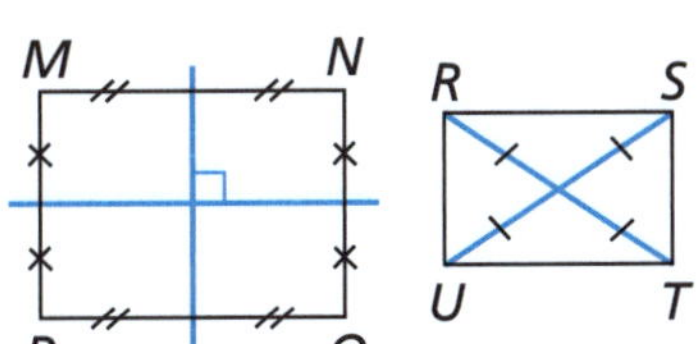

Notes

Un carré a 4 axes de symétrie, qui sont :
– les diagonales ;
– et les médiatrices des côtés opposés.
Dans un carré, les diagonales sont perpendiculaires, se coupent en leur milieu et ont même longueur.

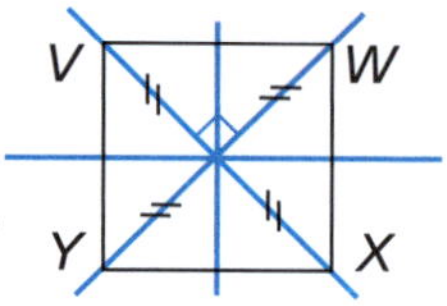

Notes

Je comprends comment faire

Reconnaître une figure

→ Pour reconnaître un **triangle isocèle,** il faut savoir que :
– si un triangle a 2 côtés de même longueur, alors il est isocèle ;
– si un triangle a 2 angles* égaux, alors il est isocèle ;
– si un triangle a 1 axe de symétrie*, alors il est isocèle.

→ Pour reconnaître un **triangle équilatéral***, il faut savoir que :
– si un triangle a 3 côtés de même longueur, alors il est équilatéral ;
– si un triangle a 3 angles égaux (ou 2 angles de 60°), alors il est équilatéral ;
– si un triangle a 3 axes de symétrie, alors il est équilatéral.

→ Si les diagonales d'un quadrilatère sont perpendiculaires* et se coupent en leur milieu*, alors c'est un **losange***.

→ Si les diagonales d'un quadrilatère ont même longueur et se coupent en leur milieu, alors c'est un **rectangle***.

→ Si les diagonales d'un quadrilatère ont même longueur, se coupent en leur milieu et sont perpendiculaires, alors c'est un **carré**.

Corrigés p. 150

Je m'entraîne

Brouillon

Exercice 1

Construis le point *B*, pour que le triangle *ABC* soit isocèle*, sachant que la droite (*d*) est l'axe de symétrie* de ce triangle.

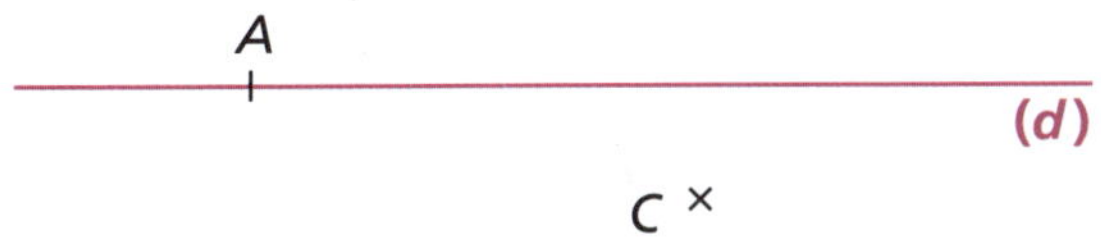

Exercice 2

Construis le triangle isocèle* *BOL*, de sommet principal *O*, tel que *BL* = 5 cm et *OI* = 3 cm, le point *I* étant le milieu* du segment* [*BL*].

Brouill

Exercice 3

a. **Construis le triangle *MOA*, tel que *AM* = 4,5 cm et $\widehat{AMO} = \widehat{OAM} = 35°$.**

b. **Que peux-tu dire du triangle *MOA* ?**

....

Exercice 4

Observe attentivement la figure ci-contre et complète les phrases suivantes.

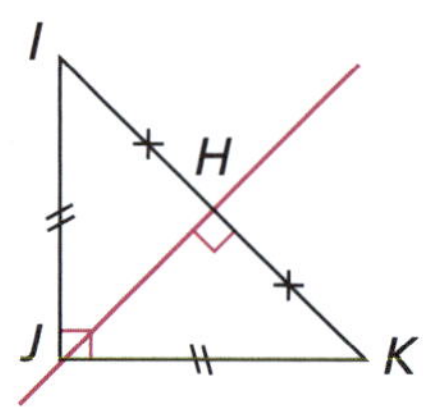

a. Le triangle *IJK* est .... parce qu'il a un angle* .... : $\widehat{......}$ = ...° .

b. Le triangle *IJK* est .... parce qu'il a deux côtés de ....

c. Dans le triangle .... *IJK*, les angles à la base* sont .... : $\widehat{......}$ = $\widehat{......}$.

d. Dans le triangle .... *IJK*, la droite (*JH*) est l'.......... .... du triangle. C'est la .... du côté [*IK*], donc le point *H* est le .... du côté [*IK*].

e. La droite (*JH*) est aussi la .... de l'angle $\widehat{IJK}$. Les angles $\widehat{HJK}$ et $\widehat{......}$ sont donc égaux :

$$\widehat{HJK} = \widehat{......} = \frac{\widehat{......}}{2}.$$

Combien mesure l'angle $\widehat{HJK}$?

....

Sachant que l'angle $\widehat{JIK}$ = 45°, code la figure.

Exercice 5

Construis le losange* *ROCK*, sachant que la droite (xy) est un de ses deux axes de symétrie.

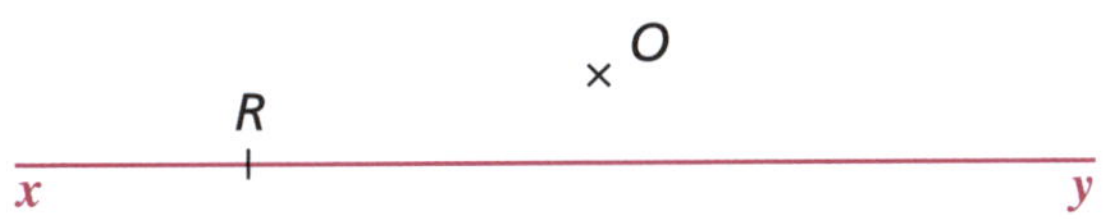

Exercice 6

Construis les triangles isocèles* suivants, après avoir bien observé les figures à main levée correspondantes.

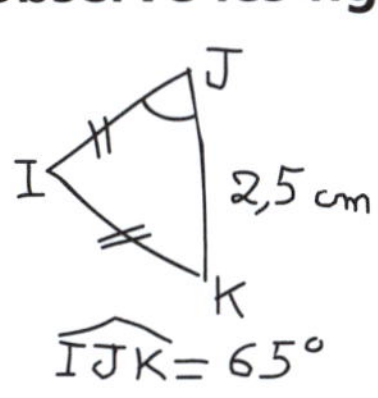

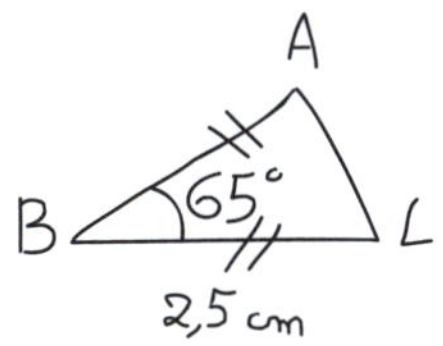

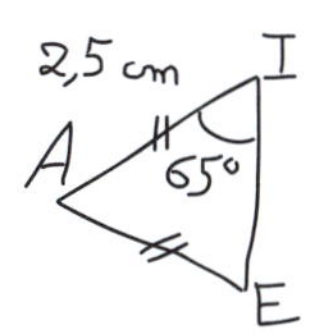

Brouillon

Corrigés des exercices

Exercice 1

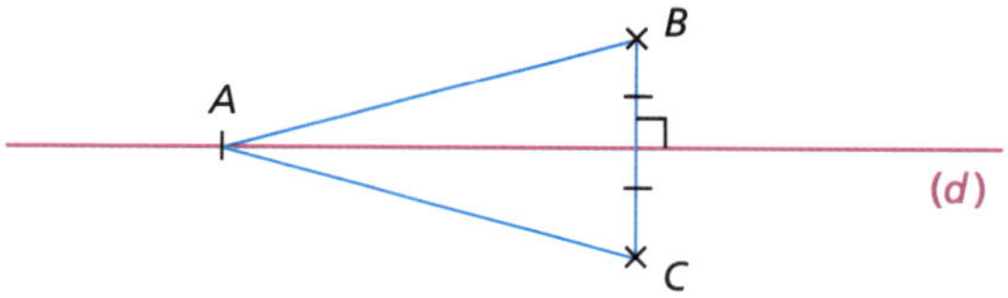

Exercice 2

Dessin à l'échelle 1/2 :

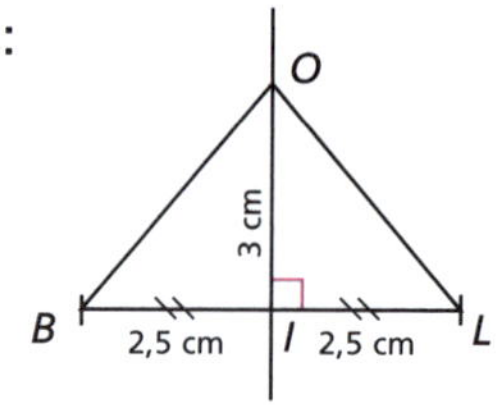

Exercice 3

a.

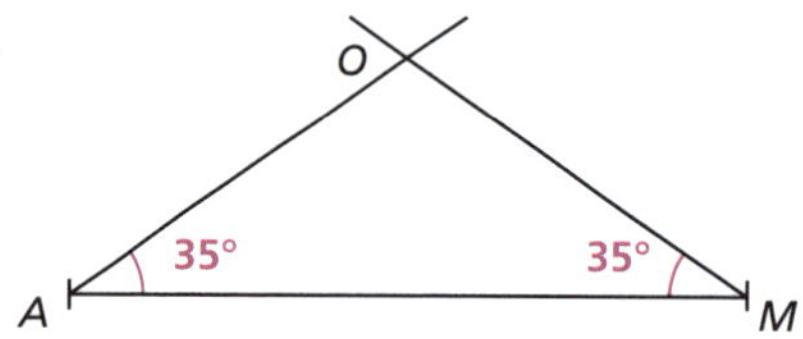

b. Le triangle *MOA* a deux angles égaux. Il est donc isocèle.

Exercice 4

a. rectangle / droit : $\widehat{IJK} = 90°$.
b. isocèle / même longueur.
c. isocèle / égaux : $\widehat{JIK} = \widehat{JKI}$.
d. isocèle / axe de symétrie / médiatrice / milieu.
e. bissectrice / $\widehat{HJI}$ / $\widehat{HJI} = \dfrac{\widehat{IJK}}{2}$.
$\widehat{HJK} = \widehat{IJK} : 2 = 90° : 2$, donc $\widehat{HJK} = 45°$.

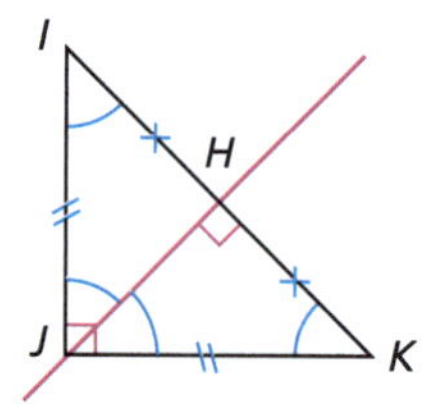

Exercice 5

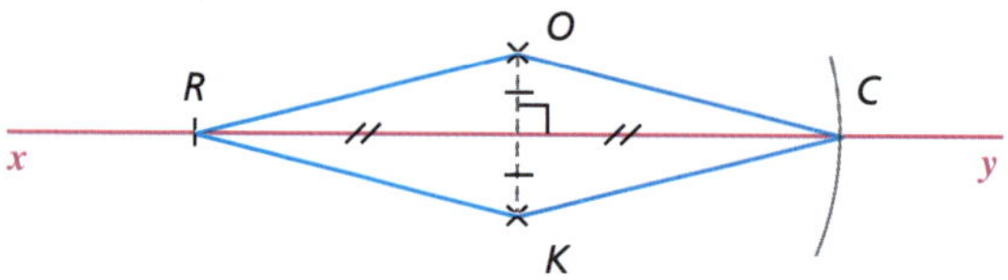

Exercice 6

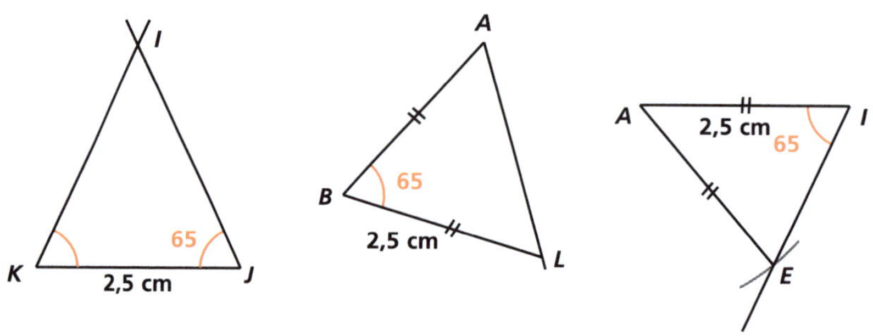

Quadrilatères particuliers

Je retiens le cours

1 Le parallélogramme : définition

▸ **Un parallélogramme*** ***ABCD*** a ses **côtés opposés parallèles*** **et de même longueur**. Ses diagonales* se coupent en leur milieu*.

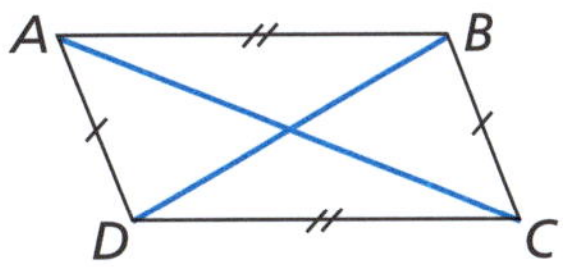

(AB)//(DC)
(AD)//(BC)

▸ Un parallélogramme qui a un angle droit est **un rectangle***.

▸ Un parallélogramme qui a 2 côtés consécutifs (côtés qui se suivent) de même longueur est **un losange***.

▸ Un parallélogramme qui a un angle droit* et 2 côtés consécutifs de même longueur est **un carré***.

2 Rectangle, losange, carré

▸ **Un rectangle** ***ABCD*** a **4 angles droits** et ses **côtés opposés** sont **de même longueur**. Ses diagonales sont de même longueur et se coupent en leur milieu.

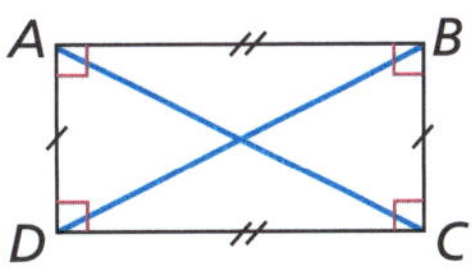

▸ **Un losange** ***ABCD*** a **4 côtés de même longueur**. Ses diagonales sont perpendiculaires* et se coupent en leur milieu.

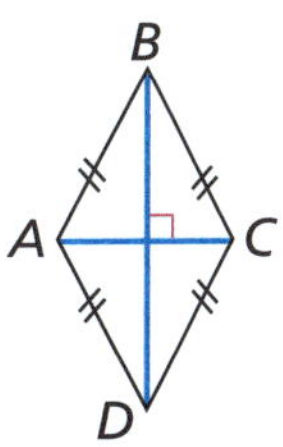

▸ **Un carré** ***ABCD*** a **4 angles droits et 4 côtés de même longueur**. Ses diagonales sont perpendiculaires, de même longueur et se coupent en leur milieu.

▸ Le carré est à la fois un rectangle et un losange (4 angles droits et 4 côtés de même longueur).

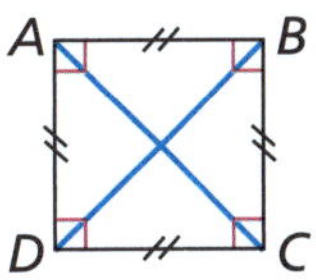

Notes

Je comprends comment faire

Construire un parallélogramme en utilisant la définition

Pour construire le 4e sommet D du parallélogramme*, connaissant les 3 sommets A, B et C :

- par C, on trace la droite (d_1) parallèle* à la droite (AB) ;
- par A, on trace la droite (d_2) parallèle à la droite (BC) ;
- le point D est à l'intersection des droites (d_1) et (d_2).

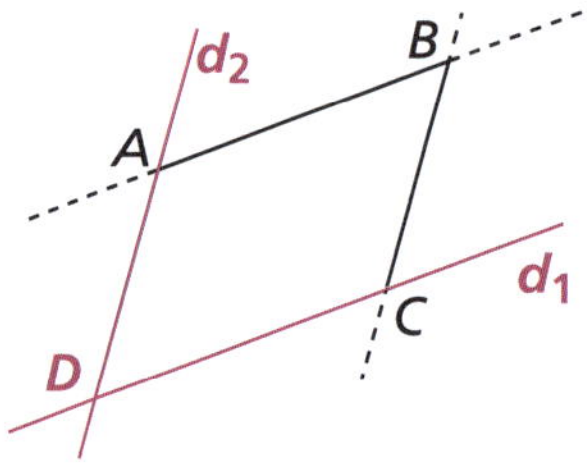

Construire un losange en utilisant la définition

Pour construire le 4e sommet D du losange* connaissant les 3 sommets A, B et C (tels que $AB = BC$) :

- en A, on trace un arc de cercle* de longueur AB ;
- en C, on trace un arc de cercle de longueur $BC = AB$;
- le point D est à l'intersection des 2 arcs de cercle.

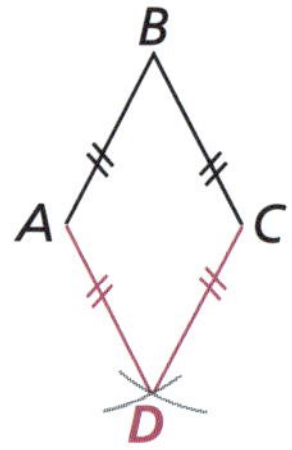

Notes

Corrigés p. 156

Brouillon

Je m'entraîne

Exercice 1

Nomme tous les parallélogrammes* de la figure.

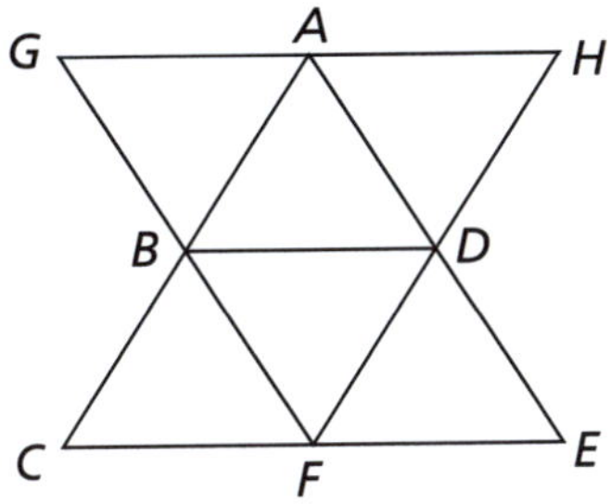

....

....

....

....

....

Exercice 2

Construis le parallélogramme *ABCD*, tel que :
$AB = 4$ cm ; $AD = 2{,}5$ cm et $\widehat{BAD} = 40°$.

Exercice 3

Construis le point *D*, symétrique du point *B* par rapport à la droite (*AC*). Complète la phrase suivante :

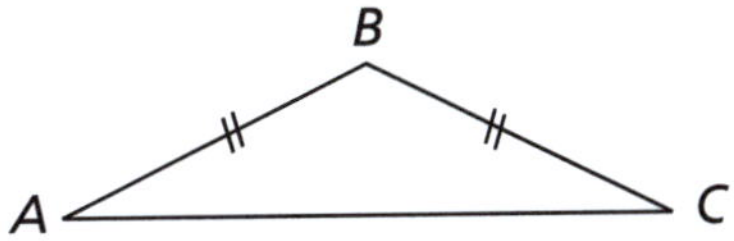

« Le quadrilatère *ABCD* est un .... »

Exercice 4

a. Place le point *C* pour que *ABCD* soit un parallélogramme (trace *ABCD* en rouge).

b. Place le point *E* pour que *ABDE* soit un parallélogramme (trace *ABDE* en vert).

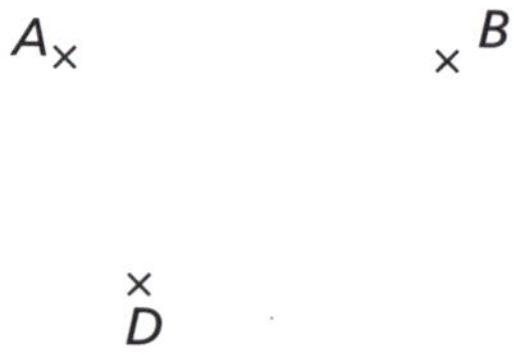

Exercice 5

Construis un carré* *ABCD* dont les diagonales* mesurent 4 cm.

Brouillon

Exercice 6

Complète les phrases avec : carré – rectangle* – losange* – parallélogramme.

a.

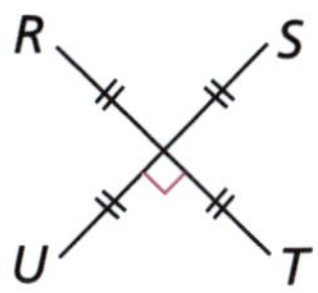

Le quadrilatère* *RSTU* est un ....

b.

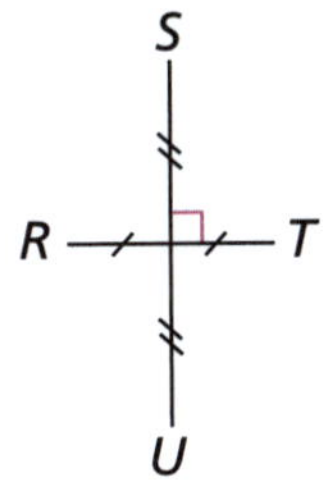

Le quadrilatère* *RSTU* est un ....

c.

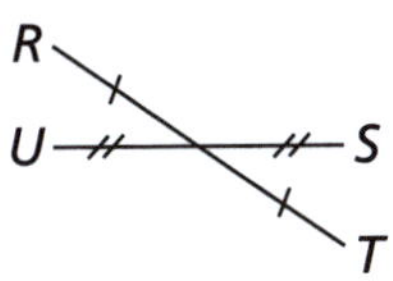

Le quadrilatère* *RSTU* est un ....

d.

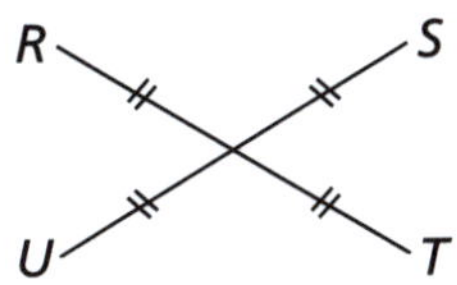

Le quadrilatère* *RSTU* est un ....

Exercice 7

Construis le rectangle *BLEU*, sachant que *BL* = 4 cm et *BE* = 5 cm.

Corrigés des exercices

Exercice 1

BADF – BDFC – BDEF   *BGAD – BAHD*   *GAEF – AHFC*

Exercice 2

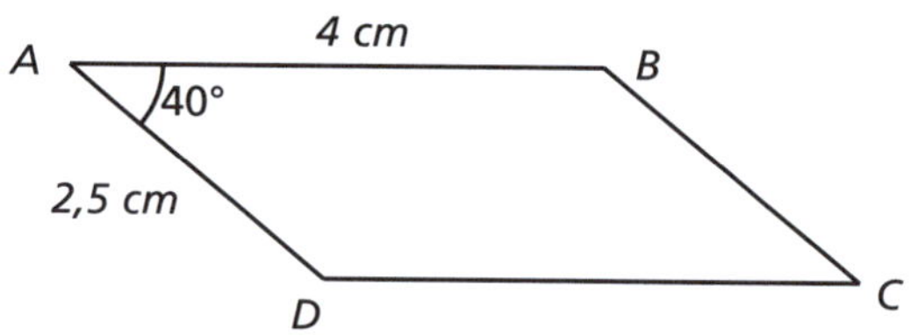

Tracer un arc de cercle de centre *B* de rayon 2,5 cm, puis un arc de cercle de centre *D* de rayon 4 cm pour trouver le point *C*.

Exercice 3

Le quadrilatère *ABCD* est un losange.

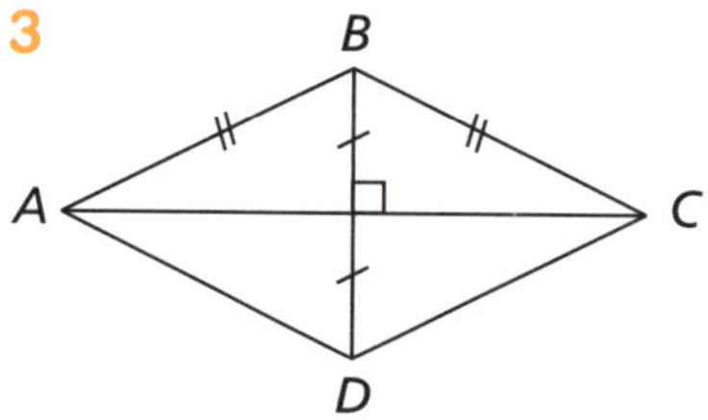

Exercice 4

Dessin à taille réduite.

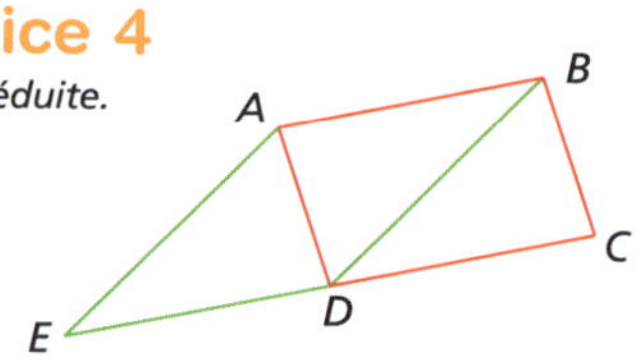

Exercice 5

Dessin à taille réduite.

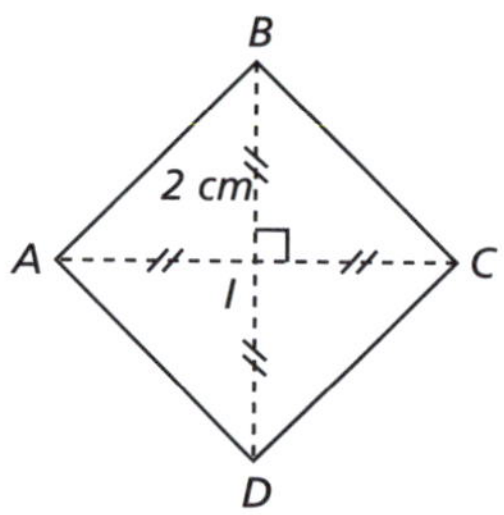

On trace [*AC*] tel que *AC* = 4 cm. On place *I* milieu de [*AC*]. On trace la droite perpendiculaire à [*AC*] en *I*. On place les points *B* et *C* sur cette droite tels que *IB* = *ID* = 2 cm.

Exercice 6

a. carré. b. losange. c. parallélogramme. d. rectangle.

Exercice 7

On trace [*BL*].
On construit la perpendiculaire à [*BL*] en *L*.
On trace le cercle de centre *B* et de rayon 5 cm qui coupe la demi-droite perpendiculaire à [*LE*] en *E*, puis la demi-droite perpendiculaire à [*BL*] en B. Elles se coupent en *U*.

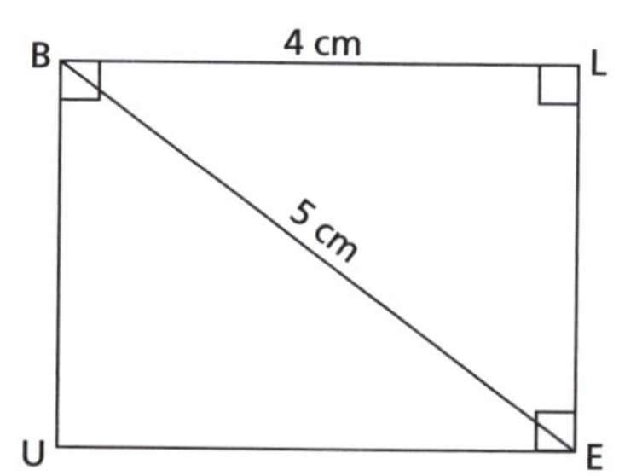

Notes

Le parallélépipède rectangle

Je retiens le cours

1 Le solide : définition

▶ Un solide est une figure en volume indéformable, limitée par une surface fermée.

▶ Il existe différents solides : le pavé droit*, le cube*, le cône, la sphère*, la pyramide…

2 Le parallélépipède rectangle

▶ Un parallélépipède rectangle*, ou pavé droit, est un solide qui a 6 faces rectangulaires.

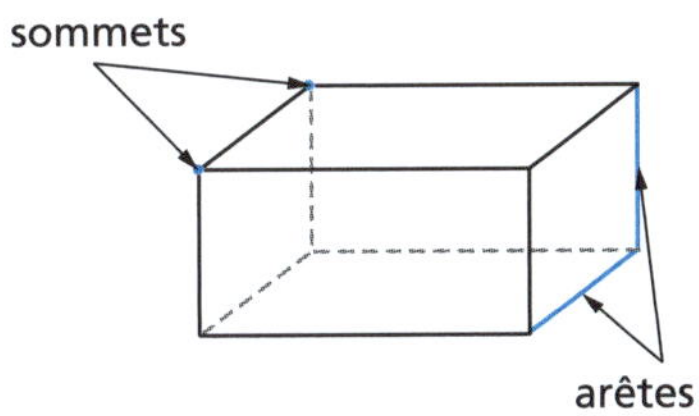

▶ Dans un parallélépipède rectangle :

– il y a **8 sommets** et **12 arêtes** ;

– les faces opposées sont des rectangles* de même dimension ;

– les arêtes parallèles* ont la même longueur.

3 Le cube

Le **cube** est un parallélépipède rectangle particulier :

– ses **6 faces** sont des carrés* ;

– ses **12 arêtes** ont la même longueur.

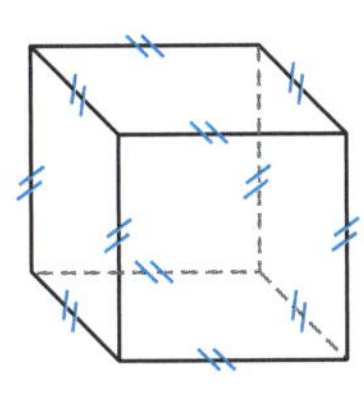

Notes

Je comprends comment faire

Représenter un parallélépipède rectangle en perspective cavalière

Pour représenter un parallélépipède rectangle* en **perspective cavalière**, il est nécessaire de bien se le représenter mentalement (ou d'observer un modèle).

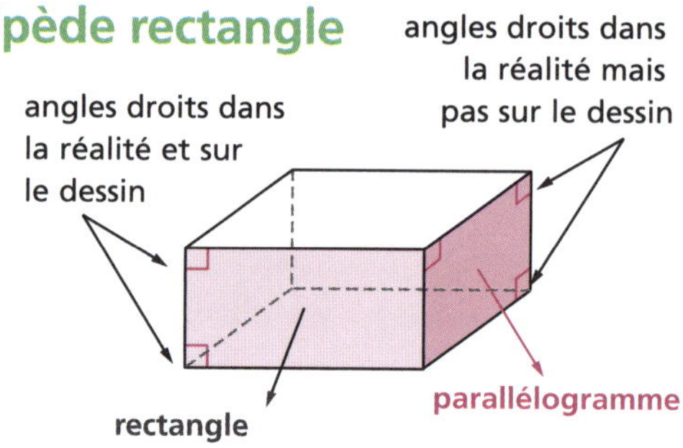

Dans la perspective cavalière :

– les droites parallèles* dans la réalité sont dessinées parallèles sur le dessin ;

– les arêtes invisibles sont dessinées en pointillé.

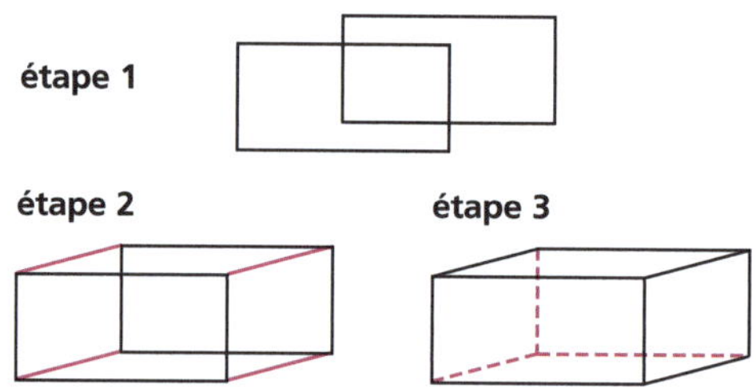

Attention !

Les angles droits* dans la réalité ne sont pas toujours représentés par des angles droits sur le dessin.

Les 6 faces rectangulaires sont représentées par des rectangles* ou par des parallélogrammes* sur le dessin.

Dessiner un patron d'un parallélépipède rectangle

Pour dessiner un patron d'un parallélépipède rectangle, il faut imaginer que l'on met à plat le parallélépipède, en le découpant suivant les arêtes. On peut construire plusieurs patrons différents pour un même parallélépipède. Le patron d'un parallélépipède rectangle est formé de 6 rectangles (**3 paires de rectangles de même dimension**).

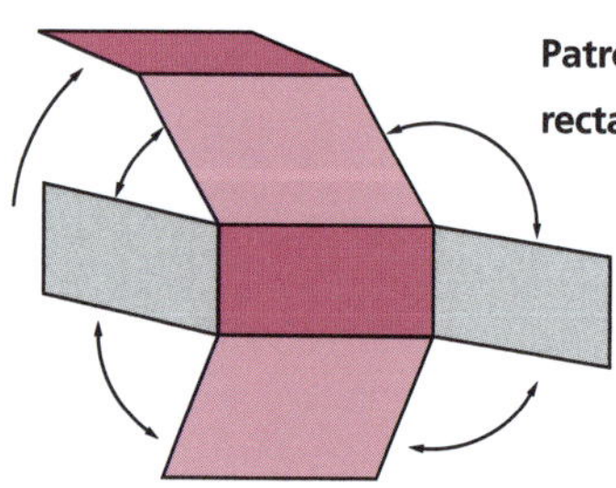

Patron d'un parallélépipède rectangle à l'échelle $\frac{1}{10}$

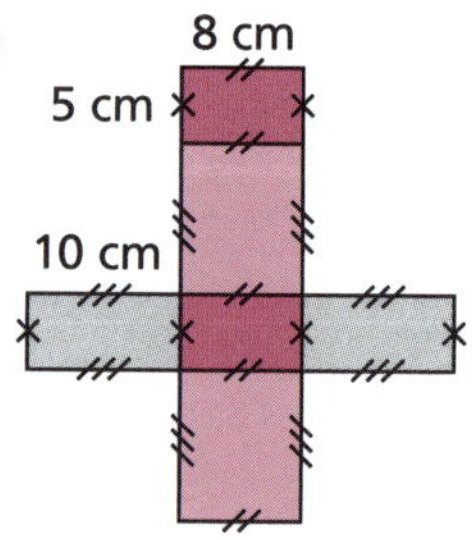

Attention ! Toutes les arêtes qui sont superposées après pliage ont la même longueur.

Corrigés p. 162

Je m'entraîne

Exercice 1

Complète les phrases suivantes avec :

6 – 12 – parallèles* – perpendiculaires* – rectangles* – parallélépipède rectangle*.

a. Le dessin ci-dessous en perspective représente un

....

b. Les .... faces de ce solide sont des ....

c. Il a .... arêtes.

d. Les droites (*AB*) et (*DC*) sont .... ;

les droites (*AB*) et (*BF*) sont .... ; les droites

(*AB*) et (*EF*) sont ....

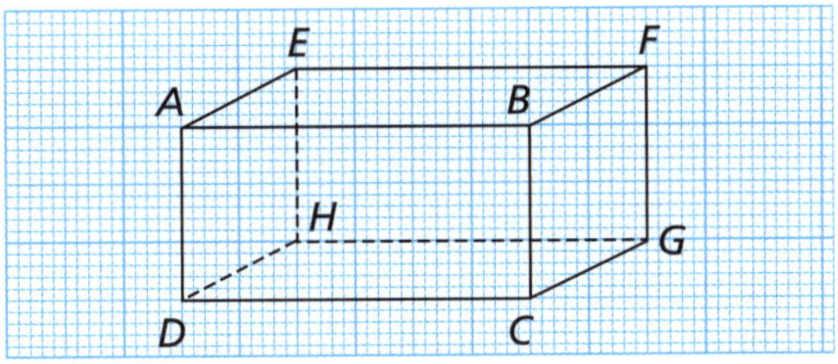

Exercice 2

Place les noms des quatre sommets manquants, sachant que les faces s'appellent *CUIT*, *CHAT*, *CHOU* et *HOLA*.

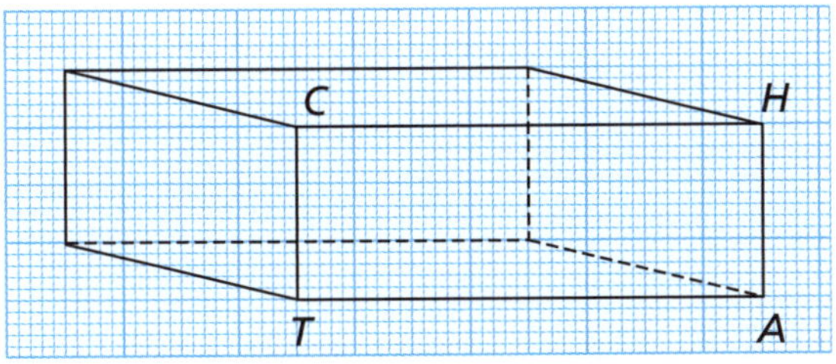

Brouillon

Exercice 3

Complète les phrases suivantes.

a. Un .... rectangle dont toutes les dimensions sont égales s'appelle un ....

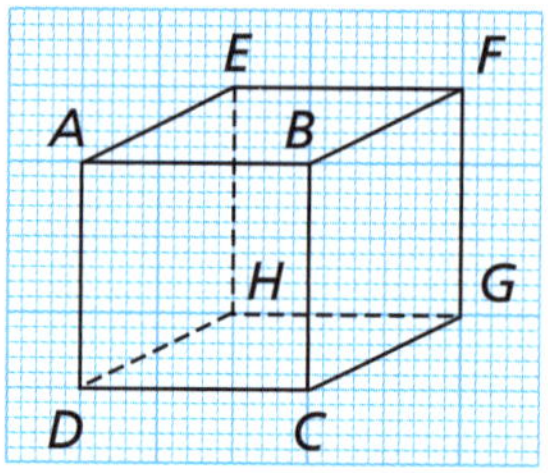

b. Ce dessin en perspective représente un ....

c. Ses .... ont la même ....

d. Le segment [*AB*] est une .... du cube*.

e. Le segment [*AB*] est un .... du carré* *ABCD*.

Exercice 4

Nomme toutes les arêtes :

a. qui mesurent 50 cm ; ....

b. qui mesurent 70 cm ; ....

c. qui mesurent 20 cm. ....

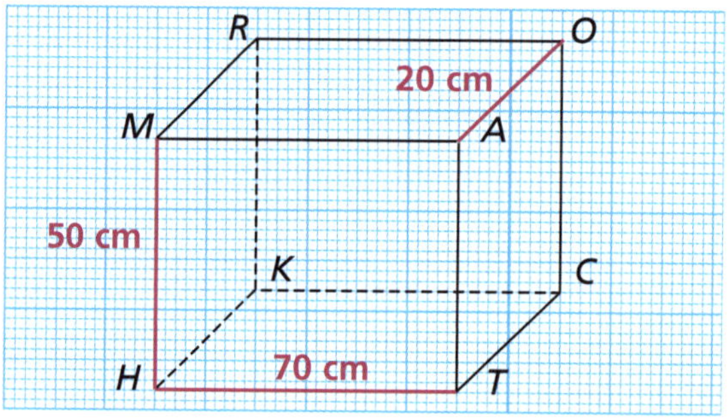

Brouillon

Exercice 5

a. **Dessine le patron d'un parallélépipède dont les arêtes mesurent 1 cm, 1,5 cm et 2,25 cm.**

b. **Dessine le patron d'un cube d'arête 1,75 cm.**

Exercice 6

« Ce ne sont pas des patrons de parallélépipèdes rectangles » dit Émilie. **Pourquoi ?**

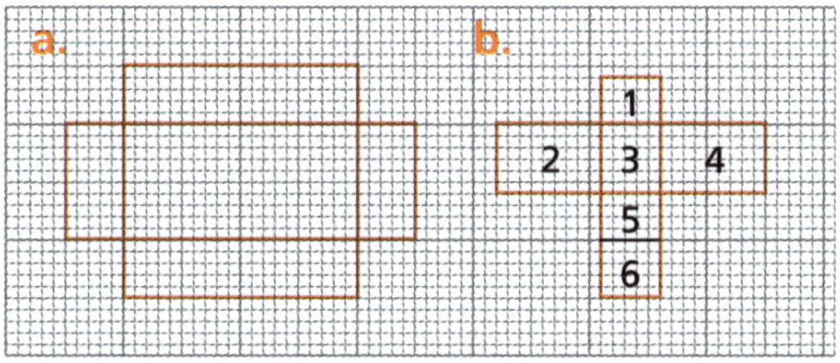

....

....

....

....

Brouillon

Corrigés des exercices

Exercice 1

a. parallélépipède rectangle ; b. 6 / rectangles ; c. 12 ;
d. parallèles / perpendiculaires / parallèles.

Exercice 2

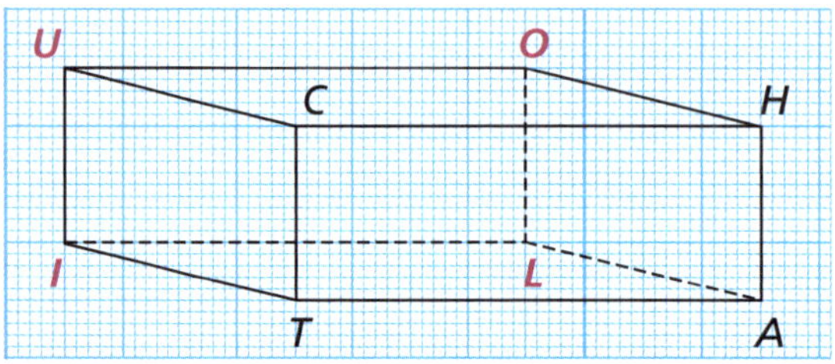

Exercice 3

a. parallélépipède / cube ; b. cube ; c. arêtes / longueur (ou mesure) ; d. arête ; e. côté.

Exercice 4

a. *MH* = *AT* = *OC* = *RK* = 50 cm ; b. *HT* = *MA* = *RO* = *KC* = 70 cm ;
c. *AO* = *TC* = *KH* = *RM* = 20 cm.

Exercice 5

a.

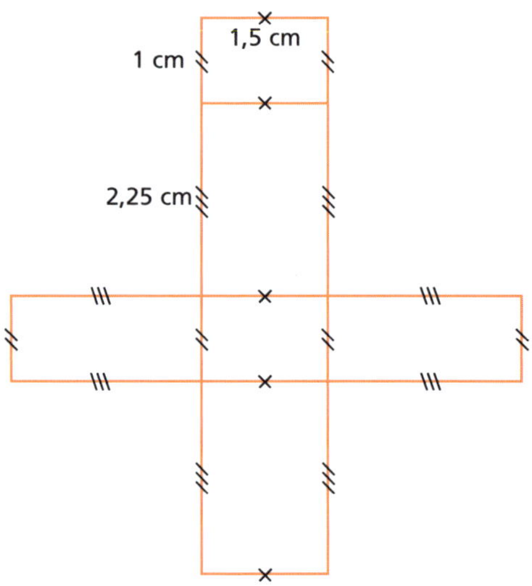

b.

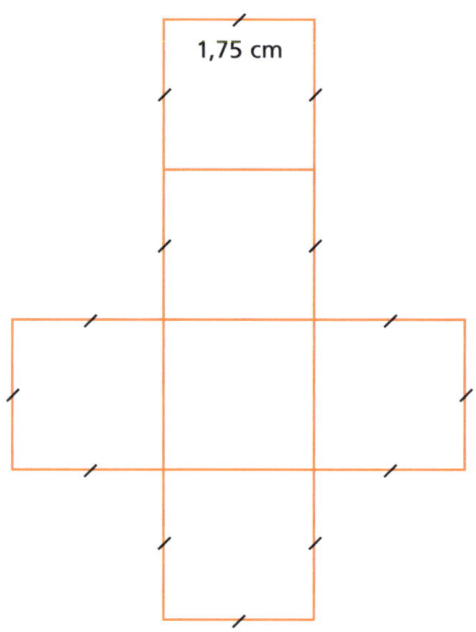

Exercice 6

a. Le patron n'a que cinq faces (au lieu de six).
b. Le patron n'est pas composé de trois paires de rectangles superposables. En effet, le rectangle 3 n'est pas superposable au carré 6, tandis que les rectangles 1 et 5 d'une part, 2 et 4 d'autre part, sont superposables.

Solides particuliers

Je retiens le cours

Notes

1 Le polygone : définition

- **Un polygone** est une figure géométrique plane fermée, formée de segments* consécutifs.
- Polygone à 3 côtés = **triangle**.
- Polygone à 4 côtés = **quadrilatère**.
- Polygone à 5 côtés = **pentagone**.
- Polygone à 6 côtés = **hexagone**.

2 Le prisme droit et le cylindre de révolution

Le prisme droit et **le cylindre de révolution** ont **2 faces parallèles* et superposables** appelées **bases**.

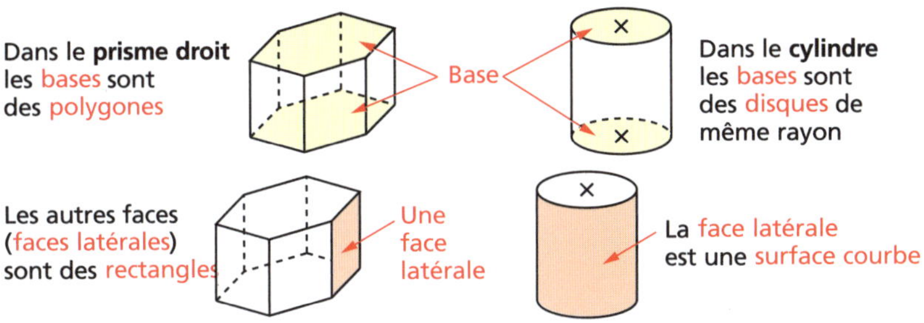

3 La pyramide et le cône de révolution

La pyramide et le cône de révolution ont **une base** et **un sommet** opposé à la base.

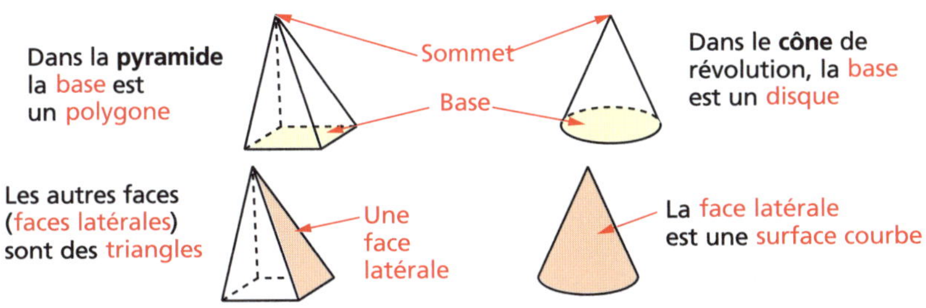

4 La boule

La boule est l'ensemble **des points dont la distance*** **au centre** est **inférieure ou égale** à un nombre donné, appelé le **rayon de la boule**.

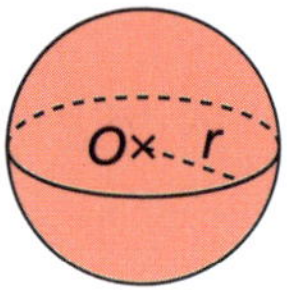

O est le centre de la boule.
r est le rayon de la boule.

Je comprends comment faire

Dessiner des disques en perspective cavalière

Les disques* sont représentés par des ovales s'ils ne sont pas vus de face.

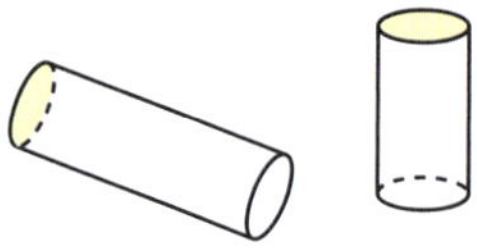

Notes

Corrigés p. 168

Je m'entraîne

Exercice 1

Indique le nom des différents solides.

a. 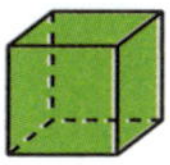
b. 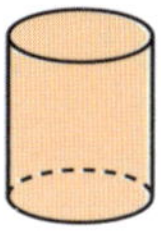
c. 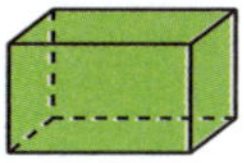
d. 
e. 

f. 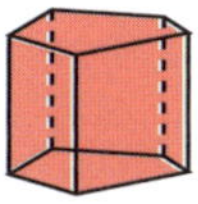
g. 
h. 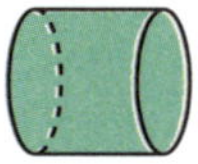
i. 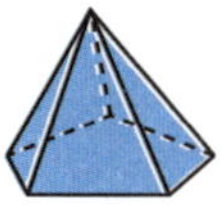
j. 

k. 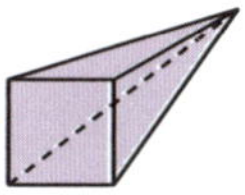
l. 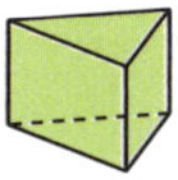
m. 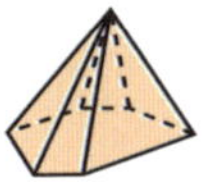
n. 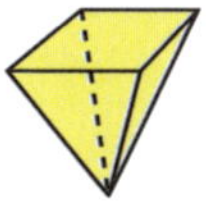
o. 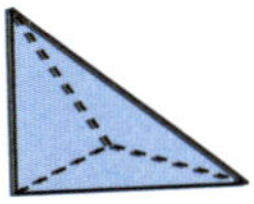

Exercice 2

Complète les phrases avec les mots suivants : sommet – base(s) – arête(s) – prisme droit – pyramide.

a.

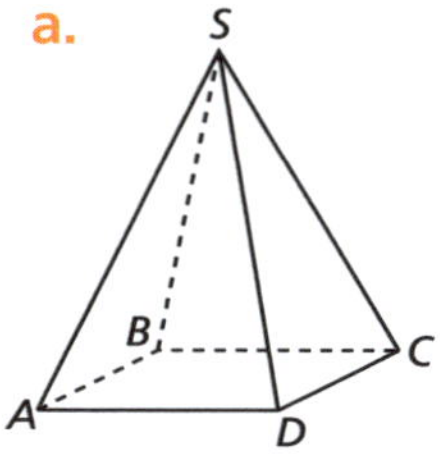

Le solide *SABCD* est une ....

Le point *S* est le .... de la

....

Le carré* *ABCD* est la ....

Les droites (*SA*), (*SB*), (*SC*) et (*SD*) sont des

....

b.

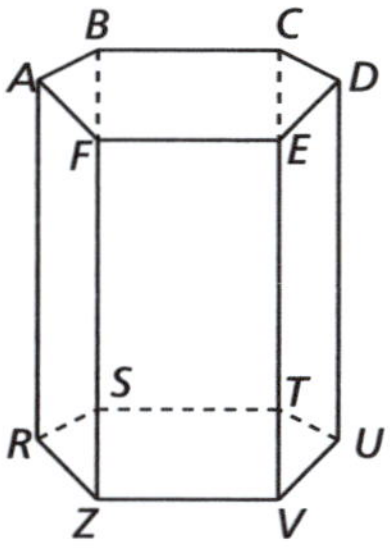

Le solide *ABCDEFRSTUVZ* est un ....

....

Les polygones *ABCDEF* et *RSTUVZ* sont les ....

.... du ....

Les droites (*AR*), (*DU*), (*BS*) sont des ....

....

Brouillon

Exercice 3

Retrouve le patron d'un cylindre de révolution, d'un cône, d'une pyramide à base carrée et d'un prisme droit parmi les dessins suivants.

a.

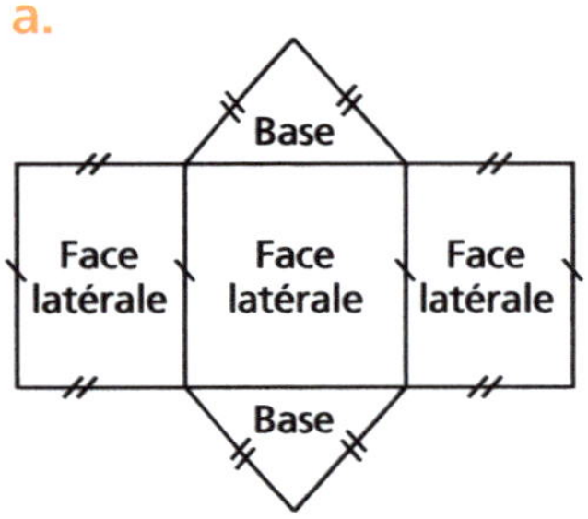

....

....

....

b.

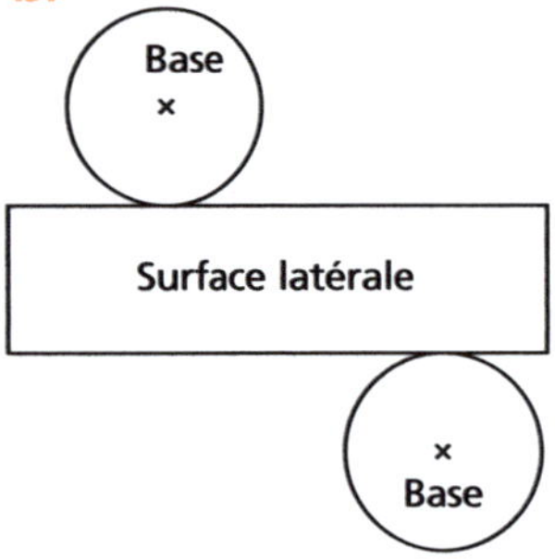

....

....

....

c.

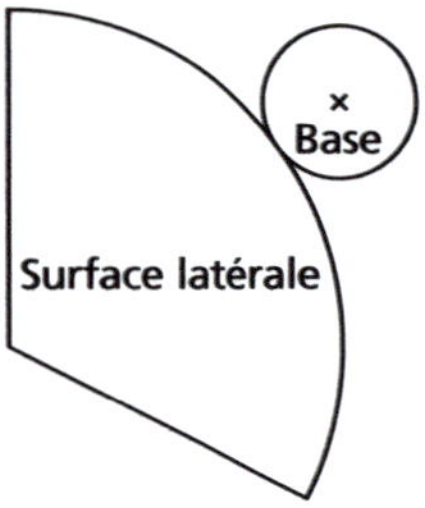

....

....

....

d.

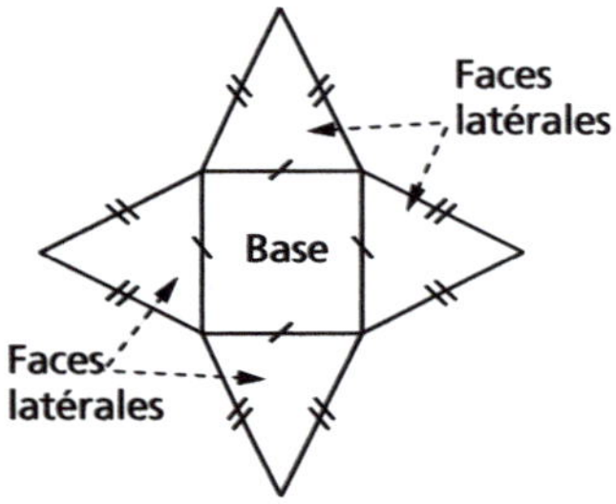

....

....

....

Brouillon

Exercice 4

Observe les figures et complète ce tableau avec les mots suivants :

prisme – pyramide – 5 – pentagonale – 3 –triangulaire – carrée – hexagonale – 4 – 6 – droit.

Attention, certains termes sont utilisés plusieurs fois.

	Ce solide est	Nombre de faces latérales
a. 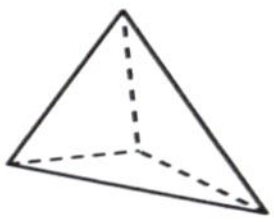	.... à base .... (............ côtés)	....
b. 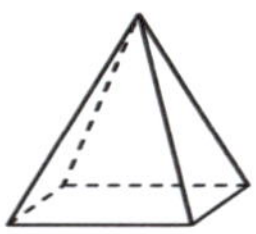	.... à base .... (............ côtés)	....
c. 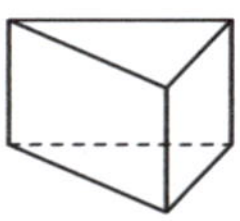	.... à base .... (............ côtés)	....
d. 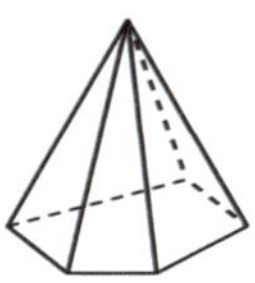	.... à base .... (............ côtés)	....
e. 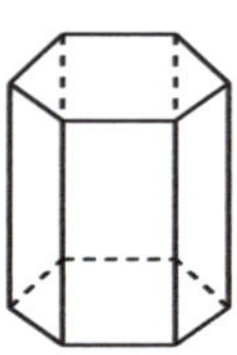	.... à base .... (............ côtés)	....

Vrai ou faux ?

Le nombre de faces latérales d'une pyramide (ou d'un prisme) est égal au nombre de côtés du polygone de la base (ou des bases).

☐ Vrai ☐ Faux

Corrigés des exercices

Exercice 1

a. Cube. b. Cylindre de révolution. c. Parallélépipède rectangle. d. Pyramide. e. Cône de révolution. f. Prisme droit. g. Cône de révolution. h. Cylindre de révolution. i. Pyramide. j. Boule. k. Pyramide. l. Prisme droit. m. Pyramide. n. Pyramide. o. Pyramide.

Exercice 2

a. **1.** une pyramide. **2.** le sommet de la pyramide. **3.** la base. **4.** des arêtes.

b. **1.** un prisme droit. **2.** les bases du prisme droit. **3.** des arêtes.

Exercice 3

a. Prisme droit. b. Cylindre de révolution. c. Cône. d. Pyramide à base carrée.

Exercice 4

a. Ce solide est une **pyramide** à base **triangulaire** (**3** côtés). **3** faces latérales.
b. Ce solide est une **pyramide** à base **carrée** (**4** côtés). **4** faces latérales.
c. Ce solide est un **prisme droit** à base **triangulaire** (**3** côtés). **3** faces latérales.
d. Ce solide est une **pyramide** à base **pentagonale** (**5** côtés). **5** faces latérales.
e. Ce solide est un **prisme droit** à base **hexagonale** (**6** côtés). **6** faces latérales.
Vrai ou faux ? Vrai.

Partie 4

Grandeurs et mesures

Teste tes connaissances

Coche, pour chaque exercice, la (ou les) bonne(s) réponse(s).
Reporte-toi ensuite aux corrigés en bas de page.

Leçon 26

page 171

1 Le périmètre d'une figure est :

a. la mesure de la surface intérieure. ☐
b. la longueur de son contour. ☐
c. mesuré en mètres carrés. ☐

2 3 hm² 12 dam² 5 m² est égal à :

a. 31 205 m². ☐
b. 312,05 dam². ☐
c. 312 050 000 cm². ☐

Leçon 27

page 177

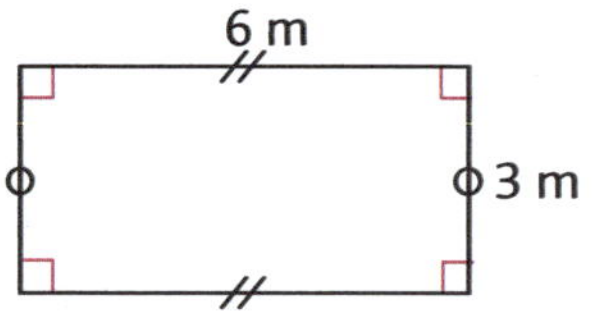

3 1 km² 5 hm² 6 m² est égal à :

a. 105,000 6 hm². ☐
b. 105,000 6 ha. ☐
c. 10 500,06 ares. ☐

4 Ce rectangle a :

a. un périmètre de 18 m. ☐
b. une aire de 18 m. ☐
c. une aire de 18 m². ☐

Leçon 28

page 183

5 Le volume d'un cube d'arête 2 cm est :

a. $2 \times 2 \times 2$. ☐
b. $2 + 2 + 2$. ☐
c. 8 cm³. ☐

6 1,5 dm³ est égal à :

a. 1,5 L. ☐
b. 1 500 cm³. ☐
c. 0,15 m³. ☐

Corrigés

1. b - 2. a ; b ; c - 3. a ; b ; c - 4. a ; c - 5. a ; c - 6. a ; b

Périmètre et aire

Notes

Je retiens le cours

1 Définitions

▶ **Le périmètre*** d'une figure géométrique est la longueur de son contour.

▶ **L'aire*** d'une figure géométrique est la mesure de sa surface intérieure.

Ex. : A B Ce segment représente 1 cm.

 Ce carré représente 1 cm^2.

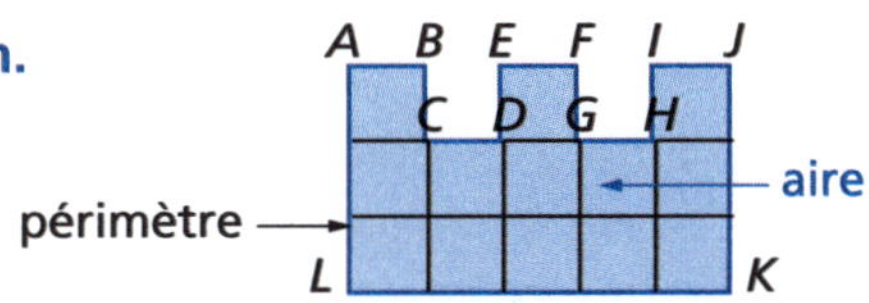

→ Le périmètre de cette figure mesure 20 cm. En effet :

P = AB + BC + CD + DE + EF + FG + GH + HI + IJ + JK + KL + LA.

→ Sa surface mesure 13 cm^2. En effet, elle est composée de 13 carreaux de 1 cm^2.

2 Unités

▶ **Le périmètre** s'exprime avec les unités de longueur (m, cm, km…).

▶ **La surface** s'exprime dans les unités d'aire. L'unité principale d'aire est le **mètre carré** (notation : **m^2**). C'est l'aire d'un carré de 1 mètre de côté.

▶ **Attention !** Deux figures peuvent avoir le même périmètre et pas la même aire.

Ex. :

aire = 8 cm^2 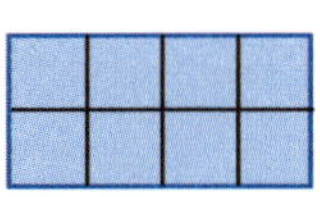 *P* = 12 cm 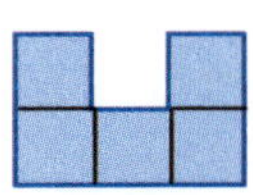 aire = 5 cm^2

Deux figures peuvent avoir la même aire et pas le même périmètre.

Ex. :

P = 12 cm 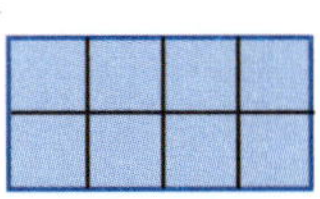 aire = 8 cm^2 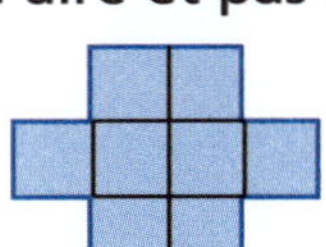 *P* = 14 cm

Notes

▸ La figure qui a la plus grande aire n'a pas toujours le plus grand périmètre.

Ex. :

aire = 8 cm²
P = 12 cm

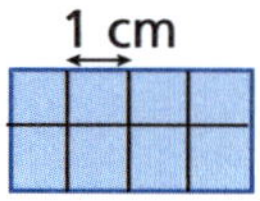

aire = 6 cm²
P = 14 cm

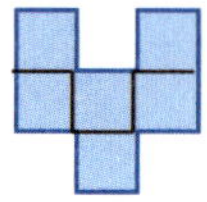

Je comprends comment faire

▸ Transformer des unités d'aire

→ Pour transformer des unités d'aire*, on utilise le tableau de conversion suivant :

km²		hm²		dam²		m²		dm²		cm²		mm²	
				1	5 ,	0	7						
				1	5	0	7						
			0 ,	1	5	0	7						
				1	5	0	7	0	0				

Attention ! Il faut placer **2 chiffres par colonne d'unité d'aire**, et **compléter avec des zéros les cases vides.**

Ex. : **15 dam² 7 m² = 15,07 dam² = 1 507 m² = 0,150 7 hm² = 150 700 dm².**

→ On passe d'une unité d'aire à l'unité d'aire suivante en multipliant par 100. Inversement, on passe d'une unité d'aire à l'unité précédente en divisant par 100.

Corrigés p. 176

Je m'entraîne

Brouillon

Exercice 1

a. En décomposant ce losange en 4 triangles*, trouve son aire* (en carreaux).

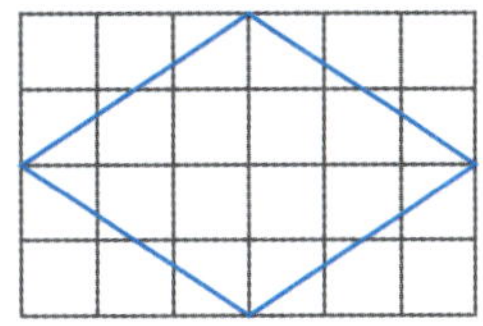

b. Mesure les longueurs des côtés de ce losange*.

c. Calcule le périmètre* de ce losange.

Exercice 2

Sur ce quadrillage, un carreau représente 10 000 km².

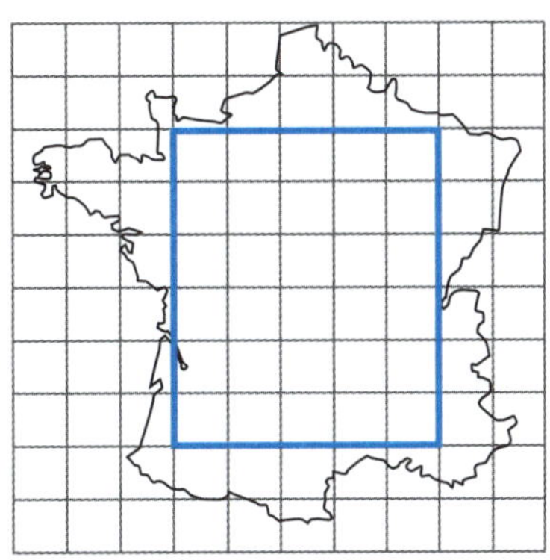

a. Donne un encadrement de la superficie de la France, en utilisant le rectangle intérieur et le carré extérieur à la carte.

b. Trouve la valeur approximative de cette aire à l'aide du quadrillage.

Exercice 3

Chaque carré de ce dessin a 1 m de côté.

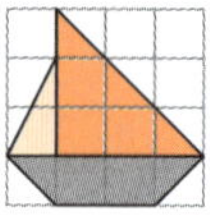

Trouve l'aire correspondant au bateau ainsi dessiné.

....

....

....

....

Exercice 4

Complète les phrases suivantes avec : un périmètre ou une aire.

a. Pour mettre une clôture autour de son champ, M. André doit calculer ....

b. Pour remplacer le carrelage de la salle de bains, le père de Sam calcule ....

c. Pour recouvrir d'une tapisserie les murs de sa chambre, la reine a fait calculer ....

d. Pour mettre une guirlande de rubans autour d'une fontaine, Louis XIV a fait calculer ....

Exercice 5

Transforme dans l'unité donnée.

a. 17,5 dam^2 = ... m^2

b. 0,093 hm^2 = ... dam^2

c. 235 cm^2 = ... mm^2

d. 9 km^2 7 hm^2 10 dam^2 = ... hm^2

e. 0,35 dm^2 = ... mm^2

f. 183,9 m^2 = ... hm^2

Brouillon

Exercice 6

Trouve l'unité manquante.

a. 3 m^2 7 500 cm^2 = 375 ....

b. 19,08 m^2 = 0,001 908 ....

c. 587 dam^2 9 m^2 = 5,870 9 ....

d. 17,5 dm^2 = 175 000 ....

e. 0,388 dam^2 = 3 880 ....

f. 53,9 km^2 = 53 900 000 ....

Exercice 7

Calcule en m^2.

a. 7 dam^2 + 5 dm^2 + 149,05 m^2

....

....

....

b. 195 000 cm^2 + 0,305 dam^2 + 0,005 hm^2

....

....

....

c. 3 625 782 mm^2 + 42,18 cm^2 + 6,37 dam^2

....

....

....

Brouillon

Corrigés des exercices

Exercice 1

a. Chacun des quatre triangles rectangles qui composent le losange est la moitié d'un rectangle d'aire égale à 6 carreaux. Donc l'aire du losange est égale à $4 \times 3 =$ **12 carreaux**.

b. Chaque côté mesure environ 1,8 cm. Les quatre côtés ont la même longueur.

c. Le périmètre de ce losange est égal à :

$$4 \times 1{,}8 = \mathbf{7{,}2\ cm}.$$

Exercice 2

a. Le rectangle intérieur représente :

$30 \times 10\,000$ km² $= 300\,000$ km² (30 carreaux).

Le carré extérieur représente :

$100 \times 10\,000$ km² $= 1\,000\,000$ km² (100 carreaux).

Donc $300\,000$ km² $<$ superficie de la France $< 1\,000\,000$ km².

b. On peut compter approximativement 55 carreaux, soit une valeur approximative de 550 000 km² (*superficie exacte :* 551 602 km²).

Exercice 3

Aire du bateau = (1 + 3 + 4,5) carreaux = 8,5 carreaux = $8{,}5 \times 1$ m² = 8,5 m².

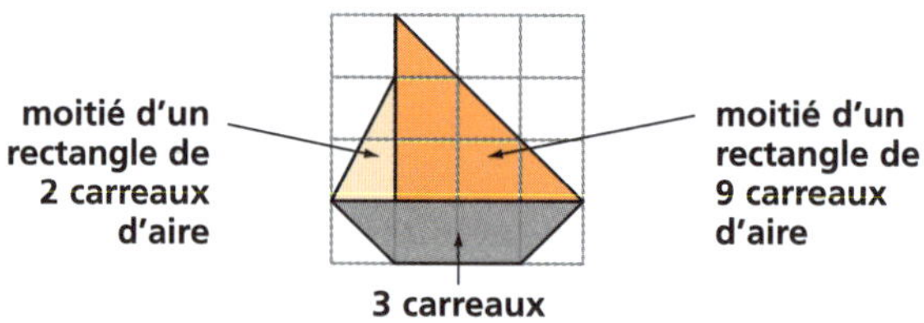

Exercice 4

a. un périmètre ; b. une aire ; c. une aire ; d. un périmètre.

Exercice 5

a. 1 750 ; b. 9,3 ; c. 23 500 ; d. 907,1 ; e. 3 500 ; f. 0,01839.

Exercice 6

a. dm² ; b. hm² ; c. hm² ; d. mm² ; e. dm² ; f. m²

Exercice 7

a. 7 dam² + 5 dm² + 149,05 m² = 700,05 m² + 149,05 m² = 849,1 m².

b. 195 000 cm² + 0,305 dam² + 0,005 hm² = 19,5 m² + 30,5 m² + 50 m² = 100 m²

c. 3 625 782 mm² + 42,18 cm² + 6,37 dam² = 3,625782 m² + 0,004218 m² + 637 m²
= 640,63 m²

Calcul de périmètres et d'aires

Notes

Je retiens le cours

1 Le rectangle

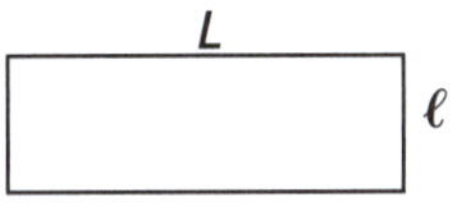

▸ **Pour calculer le périmètre*** d'un rectangle*, on additionne la longueur (L) et la largeur (ℓ) et on multiplie par 2 : $(L + \ell) \times 2$.

▸ **Pour calculer l'aire***, on multiplie la longueur par la largeur : $L \times \ell$.

2 Le carré

▸ **Pour calculer le périmètre** d'un carré*, on multiplie la longueur du côté par 4 : $c \times 4$.

▸ **Pour calculer l'aire**, on multiplie la longueur du côté par elle-même : $c \times c$.

3 Le triangle

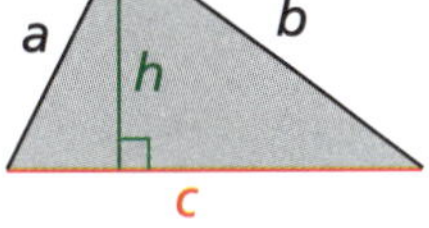

▸ **Pour calculer le périmètre** d'un triangle, on additionne les longueurs des trois côtés : $a + b + c$.

▸ **Pour calculer l'aire**, on multiplie la longueur d'un côté par la hauteur correspondante et on divise par 2 : $\frac{c \times h}{2}$.

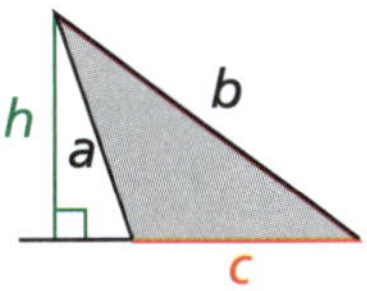

4 Unités d'aires particulières

▸ **Pour mesurer des terrains**, on utilise souvent :

– **l'hectare*** (qui se note **ha**) $1 \text{ ha} = 1 \text{ hm}^2$;

– **l'are*** (qui se note **a**) $1 \text{ a} = 1 \text{ dam}^2$.

1 ha = 100 a ; 1 a = 0,01 ha.

Je comprends comment faire

Appliquer une formule d'aire ou de périmètre

→ On écrit la formule. Pour le triangle* ci-dessous :

aire = $\frac{L \times \ell}{2}$.

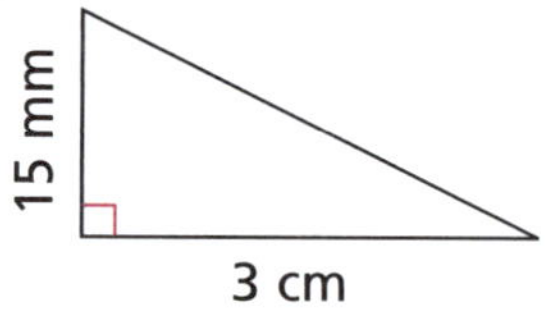

→ On remplace les lettres par leur valeur dans la formule et on effectue les calculs.

$$\text{Aire} = \frac{3 \times 1,5}{2} = (3 \times 1,5) : 2 = 4,5 : 2 = 2,25.$$

Attention ! Pour pouvoir utiliser la formule, il faut que les **longueurs** soient exprimées dans la **même unité**.
Ici : $L = 3$ cm et $\ell = 15$ mm = 1,5 cm.

→ On écrit une phrase-réponse **sans oublier l'unité** : l'aire de ce triangle rectangle est de 2,25 cm^2.

Calculer l'aire d'une surface

Pour calculer l'aire* d'une surface, on peut ajouter ou soustraire des aires.

***Ex. :* L = 55 m, ℓ = 10 m, c = 5 m**

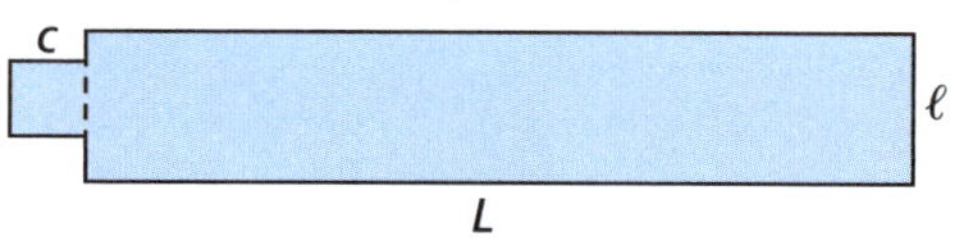

Aire = (55 × 10) + (5 × 5).
L'aire de cette surface est de 575 m^2.

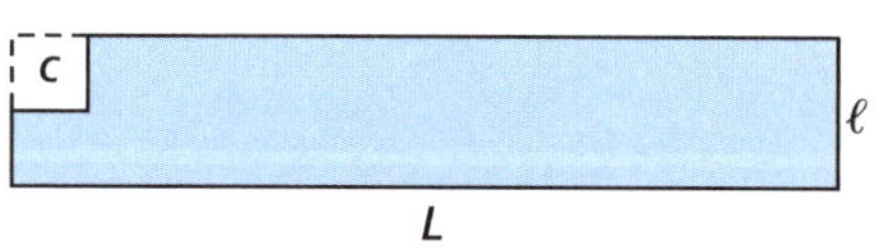

Aire = (55 × 10) – (5 × 5).
L'aire de cette surface est de 525 m^2.

Notes

Corrigés p. 182

Je m'entraîne

Brouillon

Exercice 1

Range les places suivantes par ordre croissant de superficie.

- *Pékin* : place Tienanmen 39,6 ha ;
- *Paris* : place Vendôme 3,61 hm^2 / place de la Concorde 8,48 ha / place du Trocadéro 18 000 m^2 ;
- *Lyon* : place Bellecour 310 m sur 200 m ;
- *Venise* : place Saint-Marc 150 a.

....

....

....

....

....

....

....

....

....

Exercice 2

Complète le tableau suivant qui donne les dimensions de six rectangles*.

longueur	15 m	3,5 m	1,5 dm	....	4 m	....
largeur	12 m	25 dm	7 cm	1,5 dm	....	0,3 dm
périmètre*	....	....	....	0,84 m	....	....
aire*	....	....	....	....	12 ca	18 cm^2

Brouil

Exercice 3

Complète le tableau suivant qui donne les dimensions de trois carrés*.

côté	4 dm	....	....
périmètre	....	18,4 cm	....
aire	....	....	9 m^2

Exercice 4

Calcule le périmètre et l'aire du triangle *ABC*.

a. $AB = 2{,}5$ cm $AC = 1{,}8$ cm $BC = 3$ cm $AH = 1{,}5$ cm

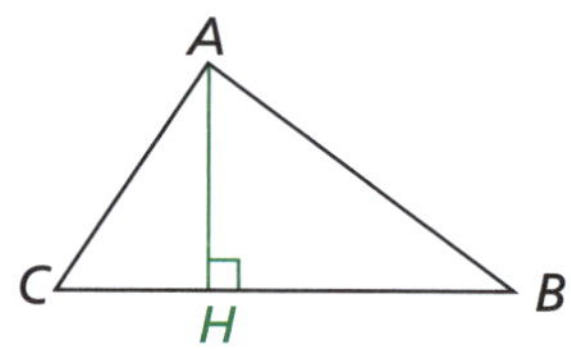

....

....

b. $AB = 2{,}5$ cm $AC = 1{,}6$ cm $BC = 1{,}5$ cm $AH = 1{,}5$ cm

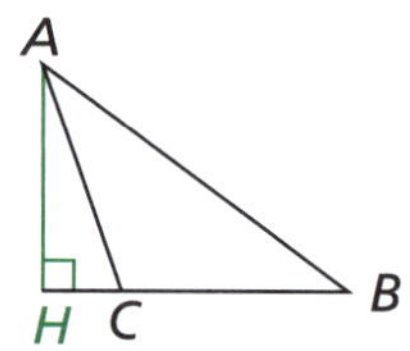

....

....

c. $AB = 2{,}5$ cm $AC = 1{,}5$ cm $BC = 2$ cm

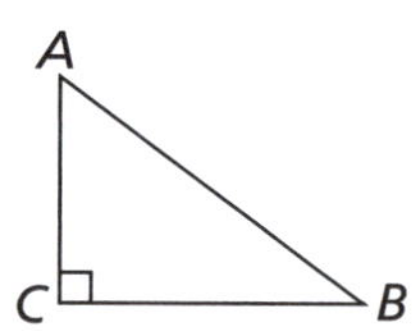

....

....

Exercice 5

Calcule l'aire de chaque surface de réparation de ce terrain de football et l'aire du terrain restant.

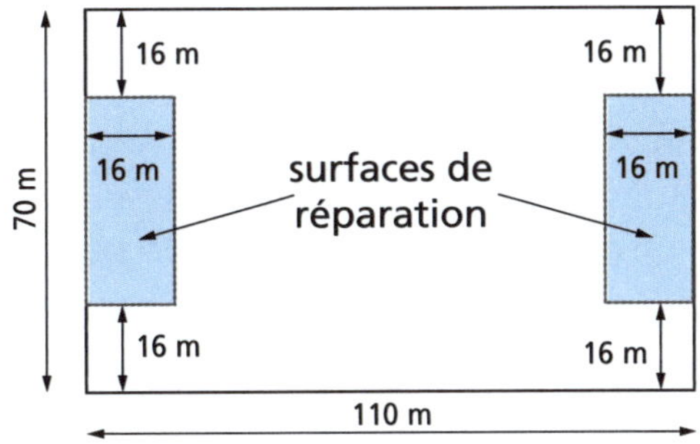

....

....

....

....

....

....

....

Exercice 6

a. En décomposant la surface de ce losange*, trouve son aire en ares*, sachant que :
AC = 82 dm et BD = 0,48 dam.

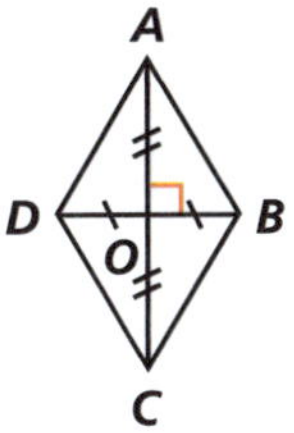

....

....

....

....

....

b. Vérifie ta réponse en utilisant la formule de l'aire du losange suivante : $\dfrac{\text{grande diagonale} \times \text{petite diagonale}}{2}$

....

....

....

Brouillon

Corrigés des exercices

Exercice 1

150 a (= 1,5 hm^2) < 18 000 m^2 (= 1,8 hm^2) < 3,61 hm^2
< 6,2 hm^2 (310 × 200 = 62 000 m^2 = 6,2 hm^2) < 8,48 ha (= hm^2) < 39,6 ha (= hm^2).
Donc : St-Marc – Trocadéro – Vendôme – Bellecour – Concorde – Tienanmen.

Exercice 2

longueur	15 m	3,5 m	1,5 dm	**2,7 dm**	4 m	**6 cm**
largeur	12 m	25 dm	7 cm	1,5 dm	**3 m**	0,3 dm
périmètre	**54 m**	**12 m**	**44 cm**	0,84 m	**14 m**	**18 cm**
aire	**180 m²**	**8,75 m²**	**105 cm²**	**4,05 dm²**	12 ca	18 cm²

Exercice 3

côté	4 dm	**4,8 cm**	**3 m**
périmètre	**16 dm**	18,4 cm	**12 m**
aire	**16 dm²**	**21,16 cm²**	9 m²

Exercice 4

a. **Périmètre :** $AC + AB + CB = 1{,}8 + 2{,}5 + 3 =$ **7,3 cm**

Aire : $\frac{BC \times AH}{2} = \frac{3 \times 1{,}5}{2} = \mathbf{2{,}25\ cm^2}$

b. **Périmètre :** $AC + AB + CB = 1{,}6 + 2{,}5 + 1{,}5 =$ **5,6 cm**

Aire : $\frac{BC \times AH}{2} = \frac{1{,}5 \times 1{,}5}{2} = \mathbf{1{,}125\ cm^2}$

c. **Périmètre :** $AC + AB + CB = 1{,}5 + 2{,}5 + 2 =$ **6 cm**

Aire : $\frac{BC \times AH}{2} = \frac{2 \times 1{,}5}{2} = \mathbf{1{,}5\ cm^2}$

Exercice 5

La largeur de la surface de réparation est 16 m. La longueur de la surface de réparation est : 70 – (16 × 2) = 38 m.
L'aire de chaque surface de réparation est donc : 16 × 38 = **608 m²**.
L'aire du terrain est 110 × 70 = 7 700 m^2. L'aire du terrain restant (une fois soustraites les aires des surfaces de réparation) est donc 7 700 – (608 × 2) = **6 484 m²**.

Exercice 6

a. Aire du losange = aire du triangle *AOB* + aire du triangle *BOC* + aire du triangle *COD* + aire du triangle *AOD*.
AC = 82 dm = 8,2 m ; *AO* = *OC* = 4,1 m ; *BD* = 0,48 dam = 4,8 m ; *BO* = *OD* = 2,4 m.
aire du triangle *AOB* = (4,1 × 2,4) : 2 = 4,92 ;
aire du triangle *BOC* = (4,1 × 2,4) : 2 = 4,92 ;
aire du triangle *COD* = (4,1 × 2,4) : 2 = 4,92 ;
aire du triangle *AOD* = (4,1 × 2,4) : 2 = 4,92.
4,92 × 4 = 19,68. Donc, l'aire du losange est de 19,68 m^2 ou 0,1968 a.
(19,68 m^2 = 19,68 ca = 0,1968 a).

b. grande diagonale : *AC* = 82 dm = 8,2 m ; petite diagonale : *BD* = 0,48 dam = 4,8 m.
(8,2 × 4,8) : 2 = 39,36 : 2 = 19,68 m^2, c'est-à-dire 0,1968 a.

Les volumes

Je retiens le cours

1 Unités

L'unité principale de volume est **le mètre cube** (abréviation : **m^3**). Un mètre cube (1 m^3) est le volume d'un cube dont l'arête mesure un mètre.

Attention ! Si les dimensions d'un solide sont exprimées en mètres, le volume est en m^3. Si ses dimensions sont exprimées en centimètres, le volume est en cm^3…

2 Formules

▸ **Le volume d'un parallélépipède rectangle** est égal au produit de ses trois dimensions, exprimées dans la même unité : $V = L \times \ell \times h$.

Ex. : $V = 5 \times 4 \times 3 = 60$ m^3.

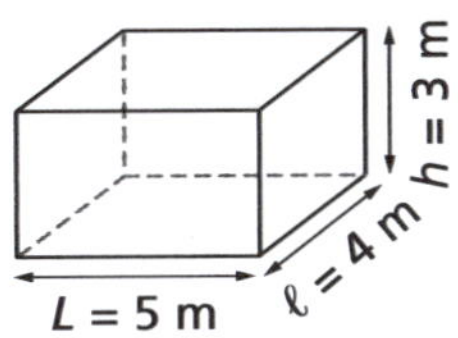

▸ **Le volume d'un cube** d'arête *c*, est :
$V = c \times c \times c = c^3$ (se lit « *c* au cube »).

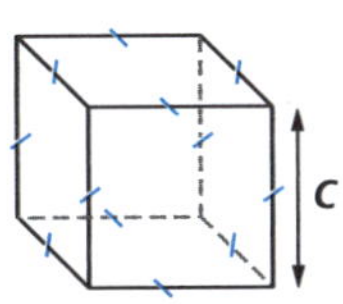

Notes

Je comprends comment faire

Convertir les unités de volume

Pour convertir les unités de volume, on peut utiliser un tableau de conversion.

m^3			dm^3			cm^3			mm^3		
		1	0	0	0						
					1	0	0	0			
								1	0	0	0
					5	3	4	9			

1 m^3 = 1 000 dm^3
1 dm^3 = 1 000 cm^3
1 cm^3 = 1 000 mm^3

Attention ! Il y a 3 chiffres par unité de volume.

Ex. : **Ce nombre se lit : 5,349 dm^3 ou 5 349 cm^3 ou 5 349 000 mm^3 ou 0,005 349 m^3.**

Convertir les unités de capacité

Pour convertir les unités de capacité, on utilise le tableau ci-dessous.

hL	daL	L	dL	cL	mL
		5	3	2	

Attention ! Il y a 1 chiffre par unité de capacité.

Ex. : **1 L = 10 dL = 100 cL = 1 000 mL = 0,1 daL = 0,01 hL.**
Ce nombre se lit : 5,32 L ou 53,2 dL ou 532 cL ou 0,0532 hL.

Passer des unités de capacité aux unités de volume

Pour passer des unités de capacité aux unités de volume, il faut retenir que : **1 L = 1 dm^3**.

m^3			dm^3			cm^3			mm^3		
			hL	daL	L	dL	cL	mL			
						7	5				

Ex. : **Dans ce tableau, on lit : 75 cl ou 750 cm^3 ou 0,75 dm^3.**

Corrigés p. 188

Je m'entraîne

Brouillon

Exercice 1

Quel est le volume d'un parallélépipède* rectangle de dimensions 5 cm, 7 cm, 4 cm ?

....

....

Exercice 2

Un pavé a un volume de 4,5 dm^3. Quelle est sa hauteur, sachant que sa longueur mesure 25 cm et sa largeur 15 cm ?

....

....

Exercice 3

Quel est le volume d'un cube d'arête :

a. 5 m ? → ....

b. 0,5 m ? → ....

c. 0,05 m ? → ....

d. 50 m ? → ....

e. 500 m ? → ....

(Choisis intelligemment l'unité pour la réponse.)

Exercice 4

Chaque face d'un cube est un carré de 25 cm^2. Quel est le volume de ce cube ?

....

....

Exercice 5

Convertis les volumes suivants.

a. 4,9 dm^3 = ... cm^3

b. 5 730 dm^3 = ... m^3

c. 0,8 m^3 = ... cm^3

d. 53,47 cm^3 = ... mm^3

Exercice 6

Convertis les capacités suivantes.

a. 0,5 hL = ... L = ... cL

b. 2,5 dL = ... L = ... cL

c. 180 mL = ... L = ... hL

d. 932 cL = ... daL

e. 7,32 daL = ... L = ... cL

Exercice 7

Une caisse parallélépipédique a pour dimensions : 7,2 m ; 75 cm ; 6 dm. Quel est son volume ?

a. En m^3 ? → ....

....

b. En dm^3 ? → ....

....

c. En cL ? → ....

....

Brouill

Exercice 8

Sam range ses cubes de 5 cm d'arête dans une boîte parallélépipédique de longueur 25 cm, de largeur 15 cm et de hauteur 10 cm.

a. **Combien de cubes place-t-il dans le sens de la longueur ? Dans le sens de la largeur ?**

....

b. **Dans le sens de la hauteur ?**

....

c. **Sachant qu'il a complètement rempli la boîte, combien a-t-il de cubes ?**

....

d. **Comment aurais-tu pu calculer directement le nombre de cubes de Sam ?**

....

....

....

Exercice 9

Combien de litres * d'air sont contenus dans une pièce rectangulaire de 6,5 m de longueur, de 5,7 m de largeur et de 2,7 m de hauteur ?

....

....

Exercice 10

Un vase parallélépipédique a une base carrée de 5 cm de côté.
On verse 1/4 de litre d'eau dans ce vase.

Quelle est la hauteur d'eau versée ?

....

Brouillon

Corrigés des exercices

Exercice 1

140 cm^3 ($5 \times 7 \times 4 = 140$).

Exercice 2

12 cm. (Volume : aire de la base = hauteur.)
(4 500 : 375 = 12 cm.)

Exercice 3

a. 125 m^3 ; b. 125 dm^3 ; c. 125 cm^3 ; d. 125 000 m^3 ; e. 125 000 000 m^3.

Exercice 4

125 cm^3. (Le côté du carré mesure 5 cm.)

Exercice 5

a. 4 900 ; b. 5,73 ; c. 800 000 ; d. 53 470.

Exercice 6

a. 50 / 5 000 ; b. 0,25 / 25 ; c. 0,18 / 0,0018 ; d. 0,932; e. 73,2 / 7 320

Exercice 7

a. 3,24 m^3 ; b. 3 240 dm^3 ; c. 324 000 cL.

Exercice 8

a. 5 cubes en longueur et 3 cubes en largeur.
b. 2 cubes en hauteur.
c. 30 cubes.
d. Volume de la boîte : $25 \times 15 \times 10 = 3\,750$ cm^3.
Volume d'un cube : $5 \times 5 \times 5 = 125$ cm^3.
Nombre de cubes de Sam : 3 750 : 125 = 30.

Exercice 9

100 035 litres d'air. (Rappel : 1 L = 1 dm^3.)
6,5 m $\times$ 5,7 m $\times$ 2,7 m = 100,035 m^3 = 100 035 dm^3 = 100 035 L.

Exercice 10

$\frac{1}{4}$ L = 0,25 L = 0,25 dm^3 = 250 cm^3

Volume d'eau versée = aire de la base $\times$ hauteur = 5 cm $\times$ 5 cm $\times$ hauteur
250 cm^3 = 25 cm^2 $\times$ hauteur $\Rightarrow$ hauteur = 10 cm.
Hauteur d'eau versée : 10 cm.

Lexique

A

Abscisse : l'abscisse d'un point est le nombre relatif qui permet de repérer ce point sur un axe. (Voir aussi p. 20.)

Aigu (angle) : angle dont la mesure est inférieure à 90° (voir *angle*).

Aire : l'aire d'une figure géométrique est la mesure de la surface intérieure de cette figure. L'unité principale d'aire est le mètre carré. (Voir aussi pp. 171, 172, 177.)

Angle :

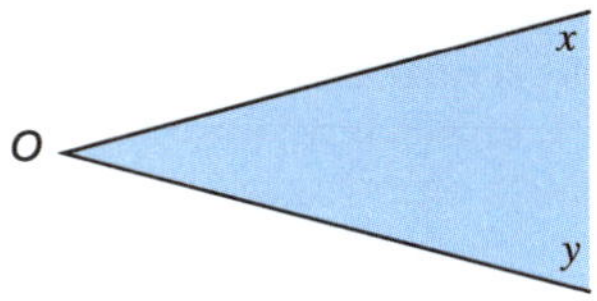

- L'angle $\widehat{xOy}$ a pour sommet O et pour côtés les demi-droites $[Ox)$ et $[Oy)$.
- Un angle se mesure en degrés ou en grades.

Un **angle droit** mesure 90°. Ses côtés sont perpendiculaires.

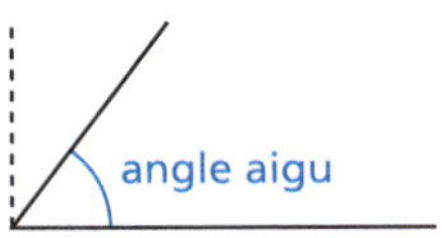

La mesure d'un **angle aigu** est inférieure à 90°.

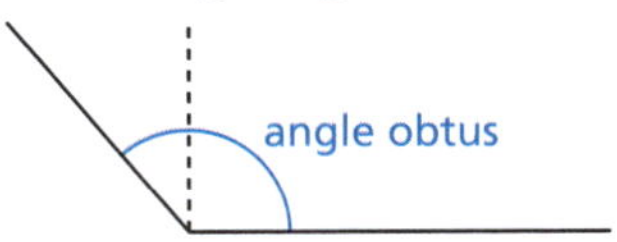

La mesure d'un **angle obtus** est supérieure à 90°.

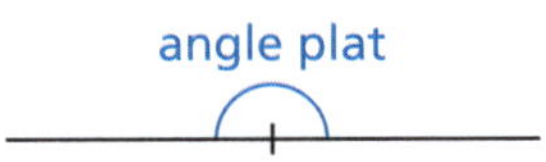

Un **angle plat** mesure 180°.

Arc de cercle : c'est une portion de cercle comprise entre deux points du cercle. (Voir aussi pp. 115, 116.)

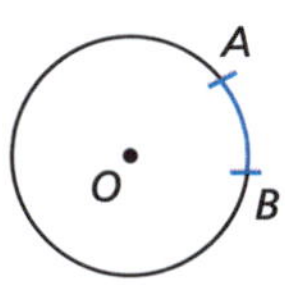

Are : l'are est une unité d'aire qui vaut cent mètres carrés : 1 a = 100 m².

Arrondi : c'est une valeur approchée d'un nombre décimal. (Voir aussi pp. 25, 26.)

Ex. : considérons le nombre $\pi \approx 3{,}141592653...$
- L'arrondi à l'unité de π est 3 (3,14 est plus près de 3 que de 4).
- L'arrondi au dixième de π est 3,1.
- L'arrondi au centième de π est 3,14.

Axe de symétrie (d'une figure) : c'est la droite qui, par pliage, fait se superposer les deux parties d'une figure.

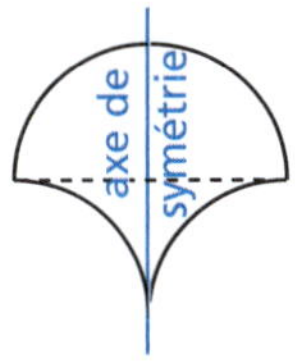

B

Base (dans un triangle isocèle) : voir *triangle isocèle*.

Bissectrice d'un angle : c'est la droite qui partage cet angle en deux angles de même mesure.

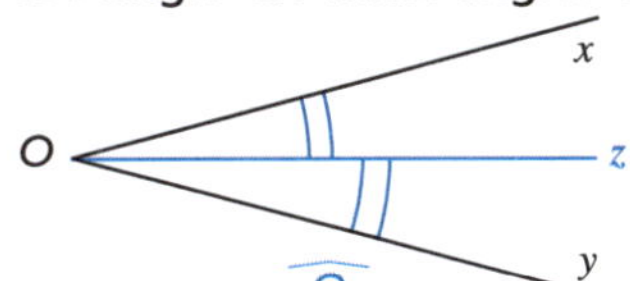

$$\widehat{xOz} = \widehat{zOy} = \frac{\widehat{xOy}}{2}$$

(Oz) est la bissectrice de l'angle $\widehat{xOy}$.

C

Carré : c'est un quadrilatère ayant 4 côtés de même longueur et 4 angles droits. (Voir aussi p. 146.)

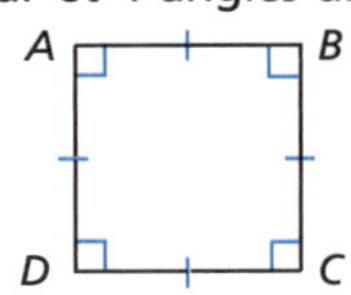

$AB = BC = CD = AD$

$\widehat{A} = \widehat{B} = \widehat{C} = \widehat{D}$

Centiare : un centiare est un centième d'are : 1 ca = 1 m².

Centième : c'est le deuxième chiffre après la virgule dans un nombre décimal.

Ex. : Dans 3,14159, le chiffre des centièmes est le 4.

Cercle : le cercle de centre O et de rayon 3 cm est l'ensemble des points situés à 3 cm du point O.
- O est le **centre du cercle**.
- $[OA]$ est un **rayon** du cercle. OA = 3 cm.

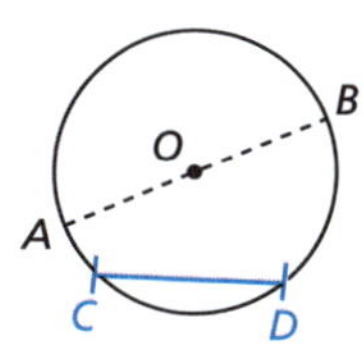

• [*AB*] est un **diamètre** du cercle. $AB = 6$ cm ; diamètre = rayon × 2.
(Un diamètre est un axe de symétrie du cercle.)
• [*CD*] est une **corde**.

Coefficient de proportionnalité : voir *proportionnalité*.

Coordonnées (d'un point) : dans un plan, on repère la position d'un point à l'aide de deux nombres appelés les coordonnées du point. Ces deux nombres sont l'abscisse et l'ordonnée. On écrit toujours l'abscisse avant l'ordonnée.

Ex. : si *A* a pour abscisse (– 4,5) et pour ordonnée (– 3), les coordonnées de *A* sont (– 4,5 ; – 3).

Corde : voir *cercle*. (Voir aussi p. 115.)

Cube : un cube est un parallélépipède dont les 6 faces sont des carrés. Un cube a 6 faces, 8 sommets et 12 arêtes.

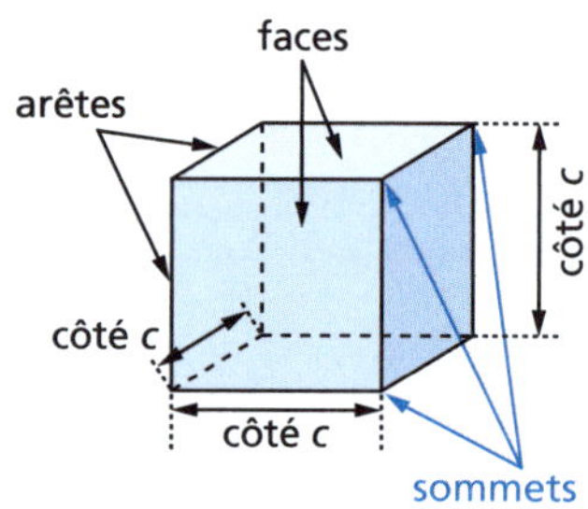

D

Décimal (nombre) : un nombre décimal est un nombre à virgule qui n'a pas une infinité de chiffres après la virgule.

Ex. : 35,48967 est un nombre décimal, tandis que 11/7 = 1,571428… ou 11/3 = 3,6666… ne sont pas des nombres décimaux.

Degré : unité de mesure des angles.

Un angle droit mesure 90° (90 degrés). Un angle plat mesure 180° (180 degrés).

Dénominateur : voir *fraction*. (Voir aussi p. 67.)

Diagonale : c'est la droite qui joint deux sommets opposés dans un quadrilatère.

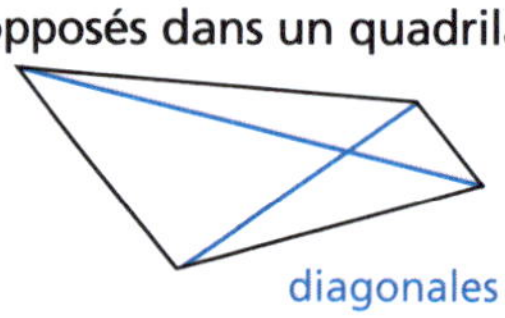

Diagramme circulaire : c'est un disque partagé en plusieurs secteurs dont les angles sont proportionnels aux grandeurs représentées. (Voir p. 94.)

Diagramme en barres : voir *histogramme*.

Diagramme en bâtons : dessin constitué de segments verticaux proportionnels aux grandeurs représentées. (Voir p. 93.)

Diamètre : voir *cercle*. (Voir aussi p. 115.)

Disque : c'est la surface limitée par un cercle. (Voir aussi p. 115.)

Distance : la distance entre deux points *A* et *B* est la longueur du segment [*AB*].

Dividende : dans une division, le dividende est le nombre que l'on divise. (Voir aussi p. 43.)

Diviseur : un nombre entier *b* est un diviseur d'un nombre entier *a* si le quotient de *a* par *b* est un quotient entier exact. (Voir aussi p. 43.)

Ex. : 5 est un diviseur de 135, car 135 : 5 = 27 reste 0.

Divisible : un nombre entier *a* est divisible par un nombre entier *b* si le quotient de *a* par *b* est un quotient entier exact. (Voir aussi pp. 49, 50.)

Ex. : 124 est divisible par 4, car 124 : 4 = 31.

Droit : angle droit (voir *angle*) ; pavé droit (voir *parallélépipède*).

E

Entier (nombre) : un nombre entier est un nombre sans partie décimale.

Ex. : 0 ; 11 ; 1 005 ; 123 342 613… sont des nombres entiers.

Équilatéral (triangle) : un triangle équilatéral est un triangle dont les trois côtés sont de même longueur. Chacun des angles d'un triangle équilatéral mesure 60°. (Voir aussi p. 127.)

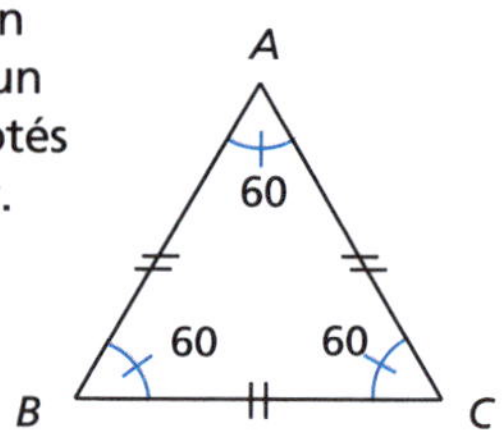

F

Fraction : une fraction est un nombre écrit sous la forme d'un quotient. (Voir aussi p. 67.)

Ex. : 5/7 est une fraction dont le numérateur est 5 et dont le dénominateur est 7.

Fraction décimale : c'est une fraction dont le dénominateur est 10, 100, 1 000, etc.

H

Hectare : c'est une unité d'aire :
1 ha = 100 a = 1 hm^2.

Histogramme (ou diagramme en barres) : dessin constitué de rectangles verticaux dont les longueurs sont proportionnelles aux grandeurs représentées. (Voir p. 93.)

I

Isocèle (triangle) : triangle ayant deux côtés de même longueur. (Voir aussi p. 127.)

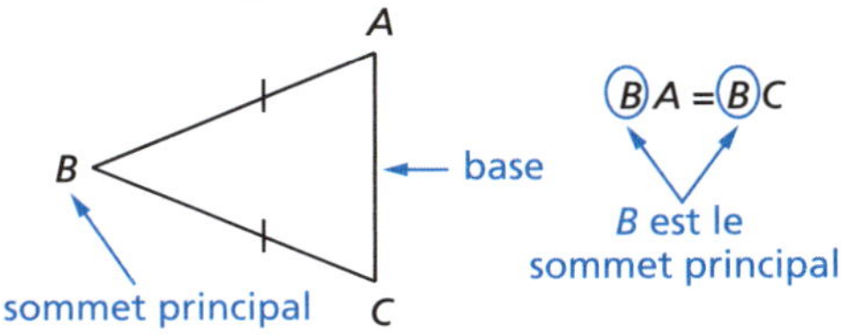

K

Kilogramme : unité de masse : 1 kg = 1 000 g.

L

Litre : unité de volume : 1 L = 100 cL ; 1 L = 1 dm^3.

Losange : quadrilatère dont les 4 côtés ont la même longueur. (Voir aussi pp. 151, 152.)

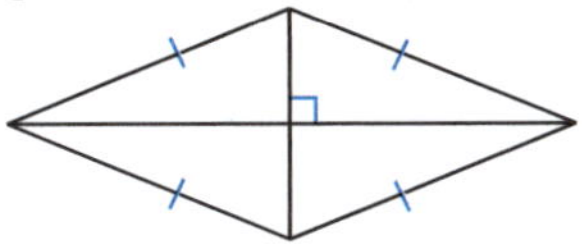

M

Médiatrice d'un segment : la médiatrice du segment [*AB*] est la droite perpendiculaire au segment [*AB*] et qui passe par le point *I* milieu de ce segment. (Voir aussi p. 139.)

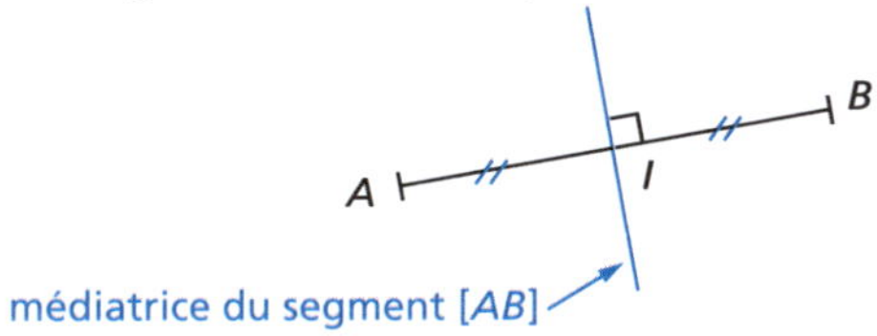

Milieu d'un segment : c'est un point de ce segment situé à la même distance des extrémités de ce segment.

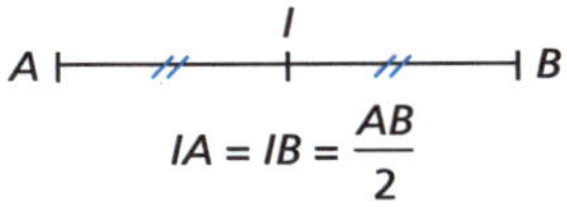

$IA = IB = \frac{AB}{2}$

Multiple d'un nombre : un nombre *a* est multiple d'un nombre *b* si le nombre *a* est égal au produit de *b* par un nombre entier *k* : $a = b \times k$.

Ex. : 27 est multiple de 9, car 27 = 3 × 9.

N

Numérateur : voir *fraction*. (Voir aussi p. 67.)

O

Obtus (angle) : angle dont la mesure est supérieure à 90° (voir *angle*).

Ordonnée (d'un point) : voir *coordonnées*.

Ordre de grandeur (d'un nombre) : l'ordre de grandeur d'un nombre est une valeur proche de ce nombre, qui facilite le calcul mental. (Voir aussi p. 32.)

Ex. : l'ordre de grandeur de 987 est 1 000 ; l'ordre de grandeur de 480 est 500.

P

Parallélépipède rectangle : c'est un solide ayant 6 faces rectangulaires. (Voir aussi p. 157.)

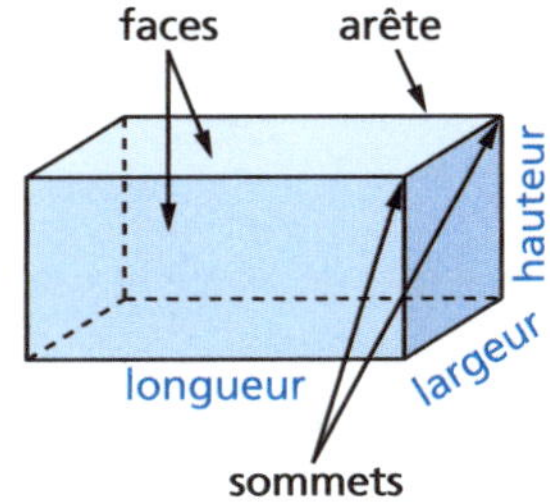

Parallèles : deux droites sont parallèles lorsqu'elles n'ont aucun point commun. (Voir aussi p. 109.)

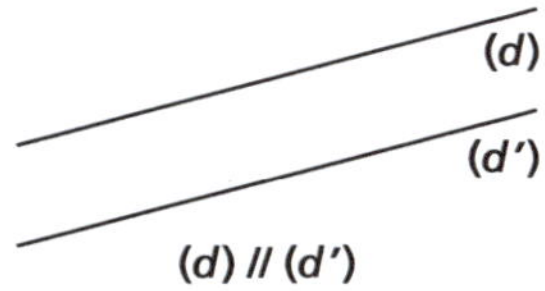

Parallélogramme : c'est un quadrilatère dont les côtés opposés sont parallèles.

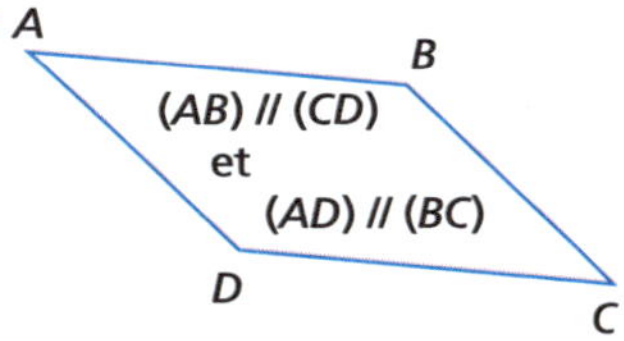

Pavé droit : c'est un parallélépipède rectangle.

Périmètre : le périmètre est une longueur qui mesure le tour d'une figure. (Voir aussi pp. 171 et 177.)

Perpendiculaires : deux droites sont perpendiculaires lorsqu'elles se coupent en formant un angle droit. (Voir aussi p. 109.)

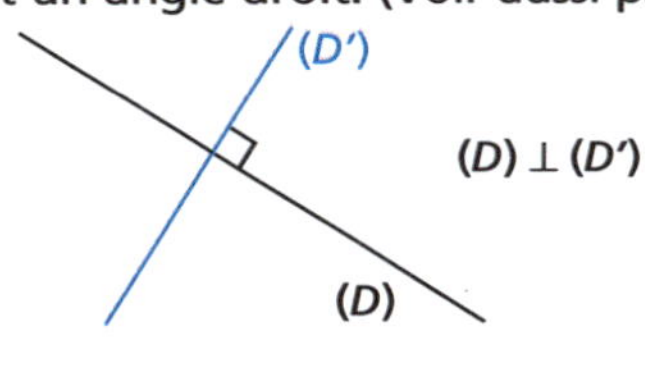

Point d'intersection : c'est le point de rencontre de droites sécantes.

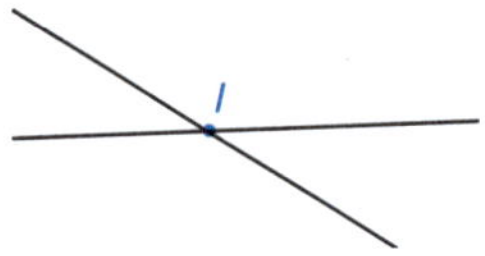

Pourcentage : un pourcentage est une fraction dont le dénominateur est 100. (Voir aussi p. 87.)

Ex. : 15 % = 15/100 ; 8 % = 8/100.

Proportionnalité : deux grandeurs sont proportionnelles si elles sont liées par un même opérateur multiplicatif, quelles que soient les données. Ce nombre est appelé le **coefficient de proportionnalité**. (Voir aussi pp. 81, 82.)

Ex. : le prix d'un plein de carburant est proportionnel au nombre de litres versés dans le réservoir.

Q

Quintal : unité de masse : 1 q = 100 kg.

Quotient : le résultat d'une division s'appelle un quotient. (Voir aussi p. 43.)

Quotient approché : si le reste d'une division n'est pas égal à zéro, alors le quotient est un quotient approché.

Ex. :

65	7
2	9 — quotient entier approché

65	7
20	9,28… — quotient décimal approché
60	
4	

Quotient exact : lorsque le reste de la division est égal à zéro, alors le quotient est un quotient exact.

R

Rayon : voir *cercle*. (Voir aussi p. 115.)

Rectangle : c'est un quadrilatère qui a 4 angles droits. Un rectangle est un parallélogramme particulier. (Voir aussi p. 151.)

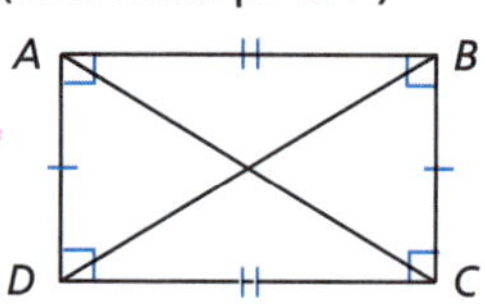

$AB = DC$
$AD = BC$ et $AC = BD$

Rectangle (triangle) : c'est un triangle ayant un angle droit. Ce triangle est rectangle en *B*.

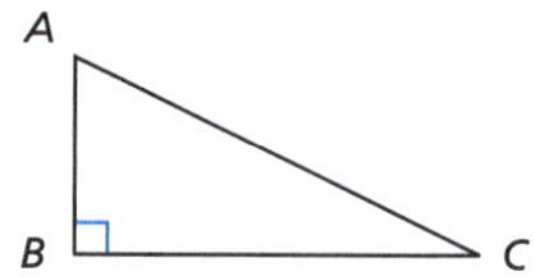

S

Sécantes : deux droites sécantes ont un point commun. (Voir aussi p. 109.)

Segment : un segment est une partie de droite comprise entre deux points appelés les extrémités du segment
(Voir aussi pp. 103, 104.)

Symétrie axiale (ou symétrie par rapport à une droite) : les points *A* et *A'* sont symétriques par rapport à une droite (*D*), si la droite (*D*) est la médiatrice du segment [*AA'*].

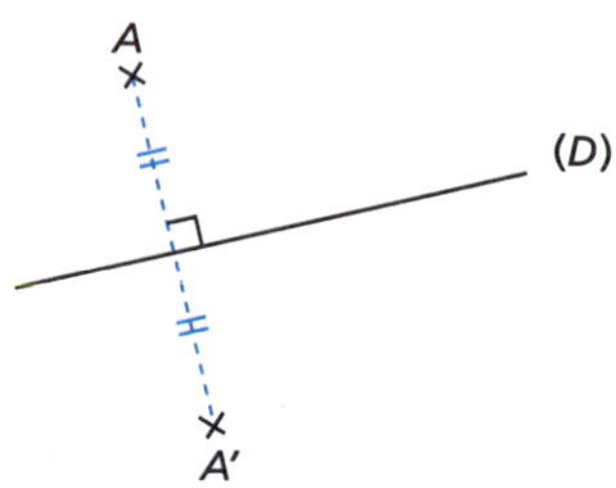

T

Triangle : polygone à trois côtés.

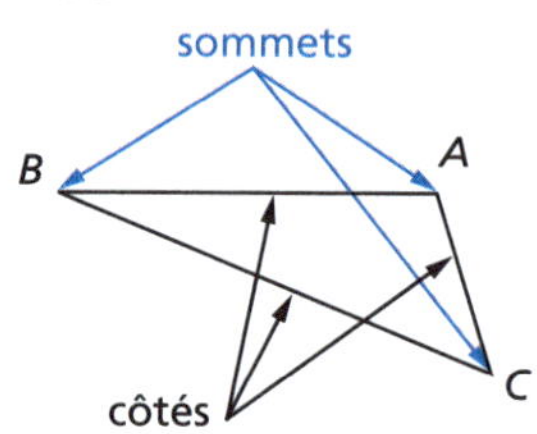

Achevé d'imprimer en novembre 2022 en Espagne par Macrolibros - Dépôt légal : janvier 2019 - Édition 04 - 73/0724/(